你的第一本博弈论

用博弈论解决工作和生活的难题

欧 俊 编著

中国华侨出版社

北京

前言

PREFACE

在生活中，我们经常可以看到：水费涨了、电费涨了、油价涨了……各类生产生活资源节节攀升的时候，于是，人们抱怨：早知如此，我们应该怎么着怎么着。当各类电器价格步步下跌的时候，我们又会听到人们叹息：如果我们怎么着怎么着，我们又会节约多少。当人们面对入学、就业、考研、出国等各种重大选择的时候，往往反复掂量，而且是众志成城、群策群力，而不是草率做出结论和拿出对策。面对社会的每一个信息，面对自己的每一件事情，人们都在琢磨、在协商、在奔波……一句话，在我们的现实生活中，大家冥冥之中似乎都受到某种规则的支配；都在追求某种利益；都试图以最小的代价获得最大的收益；都试图寻找一个对自己最有利而各方又都能够接受的均衡点。所有的这些行为可以称作什么？按照现在比较"流行"的说法，这些都可以称为"博弈"。

如果我们把博弈和"对弈""谋略"联系起来，我们对博弈就不再陌生和反感，原来博弈就是我们中国人熟知的对策、战略、方法。这样一来，大部分人就会情不自禁地说："原来这就是博弈！

博弈，我也会。"

今天，我们用西方的"博弈"来透视我们现实生活中的种种现象，上至国家大政方针，下到普通百姓的日常琐事，我们都试图用"博弈"来做出合理的解释，这是因为"博弈论"比"对弈""策略"更系统、更缜密，更能解释日益繁杂的各种社会现象。但是，结合我们古人的思想精粹来谈博弈，我们所说的"博弈"绝不像西方学者用数学、概率，用一大堆公式、图表所捣鼓的那么神秘，那么"玄之又玄，不得其言"。

事实上，博弈仅仅是指策略、方法，能够给人们的生产、生活和学习以启发，能够给个人、集体和社会以启迪。任何人都可以深入研究、探讨其中的奥妙；任何人也可以深入浅出，从中受到裨益。

博弈无处不在，无时不在，无人不在博弈，无人不会博弈，但博弈有胜负，策略有高低。因此，我们可以通过学习，通过探讨，作出更佳的抉择，让我们的生活、我们的社会变得更加美好。所以，既然我们离不开博弈，就必须学习博弈。通过学习，通过应用，每个人都可以建立自己的"博弈论"。

目 录

CONTENTS

第一章

博弈论：
最高级的思维和生存策略

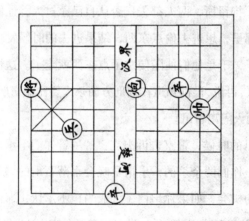

□什么是博弈论：从"囚徒困境"说起

一天，警局接到报案，一位富翁被杀死在自己的别墅中，家中的财物也被洗劫一空。经过多方调查，警方最终将嫌疑人锁定在杰克和亚当身上，因为事发当晚有人看到他们两个神色慌张地从被害人的家中跑出来。警方到两人的家中进行搜查，结果发现了一部分被害人家中失窃的财物，于是将二人作为谋杀和盗窃嫌疑人拘留。

但是到了拘留所，两人都矢口否认自己杀过人，他们辩称自己只是路过那里，想进去偷点东西，结果进去的时候发现主人已经被人杀死了，于是他们便随便拿了点东西就走了。这样的解释不能让人信服，再说，谁都知道在判刑方面杀人要比盗窃严重得多。警察决定将两人隔离审讯。

隔离审讯的时候，警察告诉杰克："尽管你们不承认，但是我知道人就是你们两个杀的，事情早晚会水落石出的。现在我给你一个坦白的机会，如果你坦白了，亚当拒不承认，那你就是主动自首，同时协助警方破案，你将被立即释放，亚当则要坐10年牢；如果你们都坦白了，每人坐8年牢；都不坦白的话，可能以入室盗窃罪判你们每人1年，如何选择你自己想一想吧。"同样的话，警察也说给了亚当。

一般人可能认为杰克和亚当都会选择不坦白，这样他们只能

博弈的分类

以入室盗窃的罪名被判刑，每人只需坐 1 年牢。这对于两人来说是最好的一种结局。可结果会是这样的吗？答案是否定的，两人都选择了招供，结果每人各被判了 8 年。

事情为什么会这样呢？杰克和亚当为什么会作出这样"不理智"的选择呢？其实这种结果正是两人的理智造成的。我们先看一下两人坦白与否及其结局的矩阵图：

		杰克	
		坦白	不坦白
亚当	坦白	（8，8）	（10，0）
	不坦白	（0，10）	（1，1）

当警察把坦白与否的后果告诉杰克的时候，杰克心中就会开始盘算坦白对自己有利，还是不坦白对自己有利。杰克会想，如果选择坦白，要么当即释放，要么同亚当一起坐 8 年牢；要是选择不坦白，虽然可能只坐 1 年牢，但也可能坐 10 年牢。虽然（1，1）对两人而言是最好的一种结局，但是由于是被分开审讯，信息不通，所以谁也没法保证对方是否会选择坦白。选择坦白的结局是 8 年或者 0 年，选择不坦白的结局是 10 年或者 1 年，在不知道对方选择的情况下，选择坦白对自己来说是一种优势策略。于是，杰克会选择坦白。同时，亚当也会这样想。最终的结局便是两个人都选择坦白，每人都要坐 8 年牢。

上面这个案例就是著名的"囚徒困境"模式，是博弈论中最出名的一个模式。为什么杰克和亚当每个人都选择了对自己最有利的策略，最后得到的却是最差的结果呢？这其中便蕴含着博弈论的道理。

博弈论是指双方或者多方在竞争、合作、冲突等情况下，充分了解各方信息，并依此选择一种能为本方争取最大利益的最优决策的理论。博弈论的概念中显示了博弈必须拥有的四个要素，即至少两个参与者、利益、策略和信息。按照博弈的结果来分，博弈分为负和博弈、零和博弈与正和博弈。

"囚徒困境"中杰克和亚当便是参与博弈的双方，也称为博弈参与者。两人之所以陷入困境，是因为他们没有选择对两人来说最优的决策，也就是同时不坦白。而根本原因则是两人被隔离审讯，无法掌握对方的信息。所以，看似每个人都作出了对自己最有利的策略，结果却是两败俱伤。

我们身边的很多事情和历史典故中也有博弈论的应用，我们就用大家比较熟悉的"田忌赛马"这个故事来解释一下什么是博弈论。

齐国大将田忌，平日里喜欢与贵族赛马赌钱。

当时赛马的规矩是每一方出上等马、中等马、下等马各一匹，共赛三场，三局两胜制。由于田忌的马比贵族们的马略逊一筹，所以十赌九输。当时孙膑在田忌的府中做客，经常见田忌同贵族们赛马，对赛马的比赛规则和双方马的实力差距都比较了解。这天田忌赛马又输了，非常沮丧地回到府中。孙膑见状，便对田忌说："明天你尽管同那些贵族们下大赌注，我保证让你把以前输的全赢回来。"田忌相信了孙膑，第二天约贵族赛马，并下了千金赌注。

田忌赛马的制胜策略

田忌赛马出自《史记》卷六十五：《孙子吴起列传第五》，是中国历史上有名的揭示如何善用自己的长处去应对对手的短处，从而在博弈中获胜的事例。

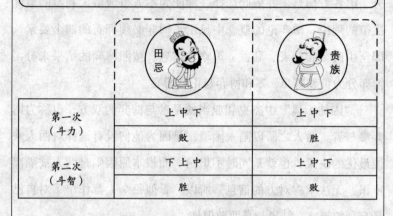

	田忌	贵族
第一次（斗力）	上中下	上中下
	败	胜
第二次（斗智）	下上中	上中下
	胜	败

孙膑通过对赛马的博弈分析，为田忌制定了唯一制胜的博弈策略，同样的马，只是调整了不同的出场顺序，便起到了不同的效果。

　　孙膑为什么敢打保证呢？因为他对这场赛马的博弈做了分析，并制定了必胜的策略。赛前孙膑对田忌说："你用自己的下等马去对阵他的上等马，然后用上等马去对阵他的中等马，最后用中等马去对阵他的下等马。"比赛结束之后，田忌三局两胜，赢得了比赛。田忌从此对孙膑刮目相看，并将他推荐给了齐威王。

　　一个能争取最大利益的策略，也就是最优策略。所以说，这是一个很典型的博弈论在实际中应用的例子。

　　在这里还要区分一下博弈与博弈论的概念，以免搞混。它们既有共同点，又有很大的差别。

"博弈"的字面意思是指赌博和下围棋，用来比喻为了利益进行竞争。自从人类存在的那一天开始，博弈便存在，我们身边也无时无刻不在上演着一场场博弈。而博弈论则是一种系统的理论，属于应用数学的一个分支。可以说博弈中体现着博弈论的思想，是博弈论在现实中的体现。

　　博弈作为一种争取利益的竞争，始终伴随着人类的发展。但是博弈论作为一门科学理论，是1928年由美籍匈牙利数学家约翰·冯·诺伊曼建立起来的。他同时也是计算机的发明者，计算机在发明最初不过是庞大、笨重的算数器，但是今天已经深深影响到了我们生活、工作的各个方面。博弈论也是如此，最初冯·诺伊曼证明了博弈论基本原理的时候，它只不过是一个数学理论，对现实生活影响甚微，所以没有引起人们的注意。

　　直到1944年，冯·诺伊曼与摩根斯坦合著的《博弈论与经济行为》发行出版。这本书的面世意义重大，先前冯·诺伊曼的博弈理论主要研究二人博弈，这本书将研究范围推广到多人博弈；同时，还将博弈论从一种单纯的理论应用于经济领域。在经济领域的应用，奠定了博弈论发展为一门学科的基础和理论体系。

　　谈到博弈论的发展，就不能不提到约翰·福布斯·纳什。这是一位传奇的人物，他于1950年写出了论文《n人博弈中的均衡点》，当时年仅22岁。第二年他又发表了另外一篇论文《非合作博弈》。这两篇论文将博弈论的研究范围和应用领域大大推广。论文中提出的"纳什均衡"已经成为博弈论中最重要和最基础的理论。他也因此成为一代大师，并于1994年获得诺贝尔经济学奖。

后面我们还会详细介绍纳什其人与"纳什均衡"理论。

经济学史上有三次伟大的革命，它们是"边际分析革命""凯恩斯革命"和"博弈论革命"。博弈论为人们提供了一种解决问题的新方法。

博弈论发展到今天，已经成了一门比较完善的学科，应用范围也涉及各个领域。研究博弈论的经济学家获得诺贝尔经济学奖的比例是最高的，由此也可以看出博弈论的重要性和影响力。2005年的诺贝尔经济学奖又一次颁发给了研究博弈论的经济学家，瑞典皇家科学院给出的授奖理由是"他们对博弈论的分析，加深了我们对合作和冲突的理解"。

那么，博弈论对我们个人的生活有什么影响呢？这种影响可以说是无处不在的。

假设，你去酒店参加一个同学的生日聚会，当天晚上他的亲人、朋友、同学、同事去了很多人，大家都玩得很高兴。可就在这时，外面突然失火，并且火势很大，无法扑灭，只能逃生。酒店里面人很多，但是安全出口只有两个。一个安全出口离得较近，但是人特别多，大家都在拥挤；另外一个安全出口人很少，但是距离相对较远。如果抛开道德因素来考虑，这时你该如何选择？

这便是一个博弈论的问题。我们知道，博弈论就是在一定情况下，充分了解各方面信息，并作出最优决策的一种理论。在这个例子里，你身处火灾之中，了解到的信息就是远近共有两个安全门，以及这两个门的拥挤程度。在这里，你需要作出最优决策，也就是最有可能逃生的选择。那应该如何选择呢？

博弈论的发展历程

博弈论最初主要研究象棋、桥牌、赌博中的胜负问题。发展到今天，博弈论已经成了一门比较完善的学科，并被应用到各个领域。

古代理论

最早的博弈论著作

博弈论思想古已有之，中国古代的《孙子兵法》就不仅是一部军事著作，而且算是最早的一部博弈论著作。

近代理论

冯·诺伊曼

近代对于博弈论的研究，开始于策墨洛、波雷尔及冯·诺伊曼。1928年，冯·诺伊曼证明了博弈论的基本原理，从而宣告了博弈论的正式诞生。

1944年，冯·诺伊曼和摩根斯坦共著的划时代巨著《博弈论与经济行为》将二人博弈推广到n人博弈结构，并将博弈论系统地应用于经济领域，从而奠定了这一学科的基础和理论体系。

现代理论

约翰·福布斯·纳什

1950~1951年，约翰·福布斯·纳什利用不动点定理证明了均衡点的存在，为博弈论的一般化奠定了坚实的基础。纳什的开创性论文《n人博弈中的均衡点》（1950），《非合作博弈》（1951）等，给出了纳什均衡的概念和均衡存在定理。

此外，塞尔顿、哈桑尼的研究也对博弈论发展起到推动作用。今天，博弈论已发展成一门较完善的学科。

你现在要做的事情是尽快从酒店的安全门出去，也就是说，走哪个门出去花费的时间最短，就应该走哪个门。这个时候，你要迅速地估算一下到两个门之间的距离，以及人流通过的速度，算出走哪个门逃生会用更短的时间。估算的这个结果便是你的最优策略。

□博弈论能帮助我们解决什么问题

如果你是一名学子，想要有好的学习成绩，该怎样保持同学之间的关系呢？应该是既要互帮互助，又要有竞争意识；如果你是一名上班族，想要有一个好的待遇，那你应该如何保持同同事和老板之间的关系呢？这都是我们每天要面对的博弈，有时候是同别人，有时候是同自己，既有利益上的，也有思想上的。

博弈论的关键在于最优决策的选择，这种选择时时刻刻存在着；上大学选择哪个专业，毕业后选择哪家企业，如何选择合适的爱人，等等。博弈论对我们的日常生活中的第一个影响便是教会你如何选择。

一个小女孩的房间里有两扇窗户，每天她都会打开窗户看一下外面的风景。这天早上她又打开了窗户，看见邻居家的猫从墙上跳了下去。就在这时，外面一辆疾驰而过的汽车，把猫撞死了。小女孩见到这一幕，发出了一声尖叫。这只猫以前经常陪她玩，没想到眼睁睁地看着它死去。从此之后，每当打开这扇窗户，这个小女孩都会想起这只猫，就会很伤心。有一次在她伤心的时候，她的爷爷走过来关上了这扇窗户，打开了另外一扇窗户。窗外是一个公园,草坪上很多小朋友和小狗跑来跑去,到处都是欢声笑语。看到这些,小女孩笑了。

爷爷对她说:"孩子,你不高兴是因为选择错了窗户,以后开这扇窗你就不会伤心了。"

正确与错误、快乐与忧伤、善良与邪恶、振作与颓废,往往

只有一个转身的距离。有的人在不经意间作出了一个错误的、被动的选择，这个时候只要转过身去，就会发现自己的路应该怎么走。选择和作出改变，往往是相辅相成的。选择不仅是选这个还是选那个的问题，我们还要明白什么时候作出选择会让我们把事情做得更好，怎样选择会给我们带来更大的利益。

这就是博弈论在生活中给我们的第一个启示：要会选择。

前面我们已经提到了博弈论的分类，按照最后博弈的结果来看，无非是负和、零和和正和三种。其中，负和也就是两败俱伤，是最不可取的，正和也就是双赢，是最优的。无论是想避免两败俱伤，还是想双赢，合作都是最有效，也是最常用的手段。同样的事情，选择不同的策略可能会有不同的结局。

最优策略并不是不让对方占自己一点便宜，而是需要综合眼前和将来的一系列因素，考虑到实际情况。

"一荣俱荣，一损俱损"，是《红楼梦》中对四大家族的评语，四大家族有各自的利益，也有共同的利益。帮助别人的时候看似是在动用自己的人际关系和钱财，但是他们明白这是一种投资，是一种相互利用的关系，因为自己也会有用到别人的那一天。如果其中一家高高挂起，不与其他三家往来，表面上看省去了许多开支，但从总体利益和长远利益来看，是把自己的发展之路变窄了。失去的将比省下的多得多。

这便是博弈论在生活中给我们的第二个启示：合作才能双赢。

公元前203年，楚军和汉军在广武对峙，当时已经是楚汉相争的第三个年头了，项羽粮草储备已经不多，所以他希望这场战争能够速战速决，不希望变成持久战、拉锯战。一天，项羽冲着刘邦军中喊话："天下匈匈数岁者，徒以吾两人耳。愿与汉王挑战，决雌雄，毋徒苦天下之民父子为也。"意思是：天下百姓这些年来饱受战乱之苦，原因就是我们两人相争，我希望能与你决斗，一比高下，不要让天下百姓再跟着受苦了。刘邦是这样回应的，他说："吾宁斗智，不能斗力！"意思是：我跟你比的是策略，不是力气。

这里我们要表达对项羽心系天下百姓的敬意，但是刘邦的想法更符合博弈论的策略。我们生活里的冲突和对抗中，有一个好的策略远比有一个好的身体起作用。也就是说，"斗智"要比"斗勇"管用。

这便是博弈论在生活中给我们的第三个启示：善用策略。

□培养博弈思维

博弈是双方或者多方之间策略的互动，我们时刻处于这种互动之中，制定一个策略往往需要参考对方的策略。

博弈中策略选择的标准是能为我们带来最大利益，这同时也是我们的目标。我们为了实现这个目标，通过理性的分析，分析自己所有策略可能带来的利益，分析对方所有策略可能对自己产生的影响，分析所有策略组合可能被选中的概率，从而选择出一种能帮助自己获取最大利益的策略。这个理性分析和选择的过程就是博弈思维。

博弈思维是一种科学、理性的思维方式，这种思维方式有强大的逻辑支撑，认为所有博弈结果均是参与者的行动和决策决定的。正如"种瓜得瓜，种豆得豆"，种下什么、如何种便是行动和决策，而"得瓜"和"得豆"便是结果。只有依靠理性和科学的博弈思维，我们才能得到自己想要的结果。

思维方式与一个人的生活态度有很大的关系，有的人是宿命论，相信人的命运是由上天安排的，自己的努力不过是次要因素。这样的人不太喜欢积极进取。而具有博弈思维的人则相信命运就在自己手中，相对于"成事在天"更相信"谋事在人"。他们往往积极进取，不怨天，不放弃，能很清醒地认识自己。有的人没有人生目标，悲观厌世，没有目标就更不用谈如何制定策略去实现目标了；有的人总是有奋斗目标，他们积极进取，不信天命，他们会不断制定目标，然后选择策略去实现这些目标。在拥有博弈思维的人眼中，机会主义不可行，天下没有免费的午餐，只有通过努力、行动和策略才能得到自己想要的东西。

人类时刻面临着挑战，无论是在政治、战争、商战中，还是在生活、工作中。这种生活状态决定了人们的策略选择和博弈思维时刻在发挥作用。想要在激烈的竞争中获得更大的利益，就需要将博弈思维发挥到极致。

成功与否取决于你是否是一个优秀的策略使用者，能否灵活地运用策略。优秀的策略使用者会在生活中不自觉地运用博弈思维，所以他们往往会取得成功；还有一些人也会使用策略，但是他们不懂博弈思维，选择和使用的很多策略都是不理性、不合理的，这就导致他们的人生是失意和平庸的。

有的人性格中带有先天性的成分，但是博弈思维不是。有人喜欢夸人说"天生就聪明"，这不过是奉承的话，后天的积累对一个人的影响远大于先天的遗传。我们可以通过学习使自己变得更聪明，如何选择策略和如何运用博弈思维都是可以学习的。下面就是关于博弈思维应用时需要注意的三个方面：

商业中的博弈策略

同行之间为了争取市场，采取恶性的降价竞争，得到的结局只能是两败俱伤。如果无法在与对手的竞争中占得先机，创新是另外一种有效的手段。

以后我们就是合作伙伴了，可不能再恶性竞争了。

大家谁也别想挣到利润。

如果无法在与对手的竞争中占到先机，不如换一种方式，比如合作或者开辟新的市场。这样都比在恶性竞争中搞得两败俱伤要好。

商场是一场博弈，有失败、困难、挫折，这都是成功之前需要跨过的障碍。只有战胜它们，才能成为命运的主人。

第一，做到理性分析，选择正确策略。一个人的感觉有时候会很准，但是真正起作用和有保证的还是理性思维。做到理性思维除了要有逻辑判断能力以外，还要控制自己，切忌冲动，遇事三思而后行。不过遇到紧急情况的时候，还是要当机立断，以免延误战机。这种情况在战争和遇到突发事件的时候经常出现。

第二，从对方的角度来想问题。很多时候，在问题找不到突破口的时候，从对方的角度想问题便会找到新的解决方法。比如，我们要求自己要理性的时候，最怕自己出现不理性的行为，对方也是如此，因此，扰乱对方的理性也是一种策略。有时候，战胜对方不一定要把自己变得比对方更强大，只需要把对方变得比自己更弱便可以了。

第三，重视信息。信息是作出决策的依据，往往谁掌握的信息更全面谁的胜算就会更大。也可以将信息作为一种策略来使用，比如"声东击西""空城计"都是典型的向对方传达错误信息，以此来迷惑对方，达到自己的目的。信息问题涉及信息的收集、信息的甄别、信息的传递等几个方面。后面会有专门章节来阐述信息的问题。

□人人都能成为博弈高手

博弈论属于应用数学的一个分支，最精准的表达方式是用函数和集合的形式来表达。因此，如果你懂数学的话，将更容易理解和掌握博弈论。这样说的话，是不是没有良好的数学基础就无法掌握博弈论呢？是不是学习博弈论之前还要先补习一下数学知识呢？答案是否定的。博弈论并不是数学家和经济学家的专利。不懂编程的人，照样可以熟练地使用计算机，同样，不懂专业的数学知识，我们照样可以成为生活中的博弈高手。就像孙膑一样，他并不是数学家，但他是一位博弈高手，他在田忌赛马中运用的便是博弈论的知识，最优策略的选择。

数学不应该成为我们学习博弈论的障碍。博弈论首先是一套逻辑，是来源于生活，应用于生活，用于解决实际问题的逻辑。其次才是数学，数学是博弈论最严谨的表达方式。博弈论最关键的在于策略化的思维方式和方法，而不在于用何种形式表现。简单地说，博弈论最关键的是教你如何想问题，而不是如何描述这个问题。

赌场中的赌徒不一定懂博弈论，但是他们善于运用博弈论。他们会根据自己手中的牌推测对方手中的牌，会根据对方的一个小动作、说话的语气和表情推测对方下一步出什么样的牌，甚至能推测对方的这些动作是不是用来迷惑自己的假象。当每一次出牌都是经过了思考和计算之后，赢牌的可能性就会增大。

唐朝诗人柳宗元曾经记述了一个故事，主人公虽然只是一个小孩子，但他却运用博弈的智慧，屡屡躲避过坏人的残害，并最终战胜了坏人。

故事是这样的，柳州有一个放牛的小孩名叫区寄，一天他在放牛的时候被两个强盗绑架了。这两个强盗想把他带到远处的市场上卖掉。他们怕区寄在路上哭闹，便将他双手反绑，并用布堵住了他的嘴。区寄心想：我要是哭闹，他们便对我看管更严，我若是装作害怕，他们便会对我放松警惕。于是他假装哭哭啼啼，身体瑟瑟发抖。果然，强盗见他这样，便放松了对他的警惕。这天中午，一个强盗去前面探路，另一个强盗躺在墙边睡着了，他的刀就插在离区寄很近的地上。区寄心想机会来了，便悄悄地将捆手的绳子在刀刃上磨断了。绳子断了，区寄用这把刀把睡熟的强盗杀了，拔腿便跑。

就在这时，去前面探路的那个强盗刚好回来，并看到了这一幕。他将区寄抓了回来，并要将他杀死。区寄连忙说："给两个主子当仆人，哪有伺候一个主子好呢？这个人待我不好，所以我将他杀了，你如果待我好，我什么事情都听你的。"区寄这样说是为了稳住这个强盗的情绪，让他冷静下来。他想这个强盗不可能杀自己，因为他若是杀了自己将两手空空，既损失了一个同伴，也损失了一笔钱财；他若是不杀自己，而是把自己卖了，那样的话他虽然损失了一个伙伴，但是原本两个人分的钱，现在他一个人独享了。不杀自己比杀了自己对这个强盗更有利。果然，强盗也是这么想的。

这个强盗掩埋了同伙的尸体，带着区寄继续上路，并对他看管得更严。这天他们来到了市场上，夜里强盗在专门的藏匿窝点住下了。区寄知道这是自己最后的机会，因为明天一早，强盗就会把自己卖掉。于是他慢慢翻过身，一步步挪向火炉旁，用炉火把自己手上的绳子烧断，又抽出强盗的刀，将熟睡中的强盗杀死。扔下刀他就跑到了大街上，大声啼哭，惊醒了附近的人家。他告诉别人自己名叫区寄，被两个强盗抓到准备卖掉，希望好心人能报告官府。

不一会儿，负责市场治安的小吏就赶来了，他把这件事情报告了太府，太府召见了区寄，并对他的机智勇敢赞赏有加，最后派小吏将他送回了家。

怎样成为博弈高手

做到理性分析，选择正确策略。做到理性思维除了要有逻辑判断能力以外，还要控制自己，切忌冲动，遇事三思而后行。

你去复印一下。

不要生气，刚来都是这样的，要三思而后行。

我们的产品一定要站在消费者的角度去制订革新方案。

从对方的角度想问题。很多时候，在问题找不到突破口的时候，从对方的角度想问题便会找到新的解决方法。站在对方的角度思考问题才会作出真正理性的策略。

重视信息。信息是作出决策的依据，往往谁掌握的信息更全面，谁的胜算就会更大。"声东击西""空城计"都是利用向对方传达错误信息这一策略，以此来迷惑对方，达到自己的目的。

尽管区寄不懂博弈，但是他知道如何运用博弈的智慧。这个故事使我们明白，我们身上都有博弈的智慧，只是并不完备，或者不是我们处理困难时首先想到的方法。学习博弈论就是为了学习，同时挖掘出自身的博弈智慧，遇到困难首先想到要策略性地思考问题，找出解决问题的最优策略。这样，我们都能成为生活中的博弈高手。

很多了解博弈论的人都有这样的感触："中国人学习博弈论有着得天独厚的条件。"为什么会这样说呢？因为中国文化中有很浓的博弈色彩，春秋战国时期群雄争霸，秦始皇灭六国统一中国，魏蜀吴相互讨伐，其中都充满了双方的对抗和博弈。另外，无论是《三国演义》还是《孙子兵法》，都在教你与别人的博弈中如何作最优决策，取得最后胜利。只不过其中没有提到"博弈"二字。无论是围魏救赵、暗度陈仓，还是釜底抽薪、欲擒故纵，我们今天用博弈论来分析这些策略的时候就会发现，这些策略都是博弈论在实战中的经典应用。

学习博弈论之后，再用博弈的眼光去审视周围的事情，从夫妻吵架、要求加薪到国际局势，博弈论的身影无处不在。如果你掌握了博弈的智慧，成为了一个博弈高手，那么成功就离你不远了。

□玩好"游戏"不简单

很多人认为博弈论总是给人一种高深莫测的感觉，其实不是这样。"博弈论"的英文名字叫"Game Theory"，直译的话就是

"游戏理论"。英语中的 Game 同汉语中的"游戏"意思有所不同，汉语中的"游戏"参与者一般是抱着消遣和娱乐的目的参与的，有时还会恶搞一下，不那么正式，更谈不上认真。英语中的 Game 除了有这一层意思之外，还有"竞争"的意思，例如奥林匹克运动会在英文中的表达为"Olympic Games"，竞争的参与者必须遵守一定的规则。"Game Theory"也可以理解为教你如何在竞争中取胜。

博弈论最早是从游戏中而来。20 世纪初，数学家们对国际象棋、扑克、赌博这一类竞技游戏详加观察，试图总结出一套模式，能够对这些竞技游戏的结果进行推测。当他们用超越游戏高度的科学态度去观察和思考这些问题的时候，便产生了高于游戏，适用于众多领域的博弈论。可以说，游戏是抽象的博弈论，也是抽象的人生，游戏可以让我们认识博弈论，认识这个世界。

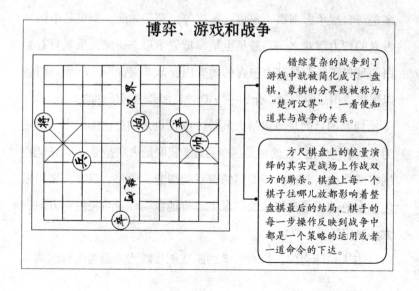

博弈、游戏和战争

错综复杂的战争到了游戏中就被简化成了一盘棋，象棋的分界线被称为"楚河汉界"，一看便知道其与战争的关系。

方尺棋盘上的较量演绎的其实是战场上作战双方的厮杀。棋盘上每一个棋子往哪儿放都影响着整盘棋最后的结局，棋手的每一步操作反映到战争中都是一个策略的运用或者一道命令的下达。

游戏都有相应的规则，游戏玩家需要遵守游戏规则，采取策略和行动，以争取获胜。这一点上博弈论与竞争游戏有相似之处。博弈论是以为自己争取最大利益为目的的，这个过程中会考虑对手的策略，游戏也是如此，自己要出什么牌往往需要考虑对方手中还有什么牌。可以说，智力竞争游戏是一个抽象的模式，这个模式放大后可以用到经济、政治、军事、管理等各个领域。因此我们可以说，博弈论就是研究怎么玩好游戏的理论。

现实社会错综复杂，人们往往容易被表面现象蒙蔽，只见树木不见森林，抓不住问题的实质。但是游戏是现实的抽象表达，我们可以只考虑问题的关键因素，将容易迷惑自己的干扰因素全部去掉，或者降至最低。这样就能"拨开云雾见青天"，一下子发现问题所在。

错综复杂的战争到了游戏中就被简化成了一盘棋，棋类游戏多是源自战争，围棋、象棋、军棋等，都是如此。围棋是中国最古老的智力游戏之一，最早也是模拟战争形态而来，虽然只有黑白两种棋子，但是其中包含的博弈内涵却非常深厚。下面我们就以围棋模拟战争为例，介绍一下游戏与博弈之间巧妙的关系。

博弈的目的是争取最大利益，围棋也是如此，围棋中"生死为上，夺利为先"说的就是这个意思。获取最大利益是博弈、战争、围棋游戏的共同目的。围棋的游戏规则非常简单，双方分别用黑色和白色的棋子在格状的棋盘上"抢地盘"，最后根据双方地盘大小决定胜负。

有人可能会问，这么古老的游戏能反映当今最为流行的博弈论吗？这也是可能的。我们知道历来战争的作战思想都是如何消耗、破坏、摧毁对方，这种作战思想被称为"重在摧毁"。近些年西方国家提出的最新战争指导思想是"重在效果"，区别于以前的"重在过程"。"重在效果"指导思想是指作战中重在控制住对方的整个作战体系，以解除对方的作战能力为主。包括率先摧毁敌人的机场、电台等交通和信息枢纽。

"基于效果"这种理念强调的是全局的整体利益，不纠缠于局部的蝇头小利。围棋中也有这样的作战思想，那就是摒弃一些虚的棋风、棋道，着眼于全局，让每一步棋子都发挥自己的作用。简单来说就是以赢棋为目标，每一步都扎实可行。具有这种棋风的棋手往往都很厉害，最好的例子便是韩国棋手李昌镐。

小小的智力游戏可以反映出一个人的逻辑思维能力和制定策略的能力，这一点越来越得到人们的认可，很多大公司都将一些智力题作为招聘时的面试考题，以此来考察一个人的逻辑思维能力。我们来看这样一道智力题，它是著名的微软公司招聘时的一道考题：

四个人进城，路上经过一座桥。当他们到达桥头的时候，天已经黑了，他们需要打着手电筒过桥，一次最多只能有两个人过桥，但是他们只有一个手电筒。并且手电的传递只能手手相传，不能抛扔。这四个人的过桥速度各不相同，若两人同时过桥，走得快的要照顾走得慢的，以走得慢的那个人的过桥时间为准。甲过桥需要 1 分钟，乙过桥需要 2 分钟，丙过桥需要 5 分钟，丁过桥需要 10 分钟。问题是，他们四个人能不能在 17 分钟之内全部过桥？

这种题目不是简单的加减运算，重在考察一个人的思维能力，从多种可能中找出最优策略。就拿这道题来说，看似非常复杂，其实不然。我们可以这样考虑一下，根据游戏规则，手电只能手手相传，也就是说先过桥的两个人中必须有一个要回来送手电，然后桥这边的三个人中只能过去两个，剩下一个，然后再有一个人回来送手电，最后这两个人一块儿过桥。这样的话，两个人一组过桥要过三次，而且要回来送手电送两次。过桥时间是以两个人中走得慢的为准，丙和丁分别需要 5 分钟和 10 分钟，他们两个搭档最为合算。返回送手电只需要一个人，走得快的人是最优选择，也就是甲和乙。这样分析的话，这个问题就简单了，丙和丁要一起过桥，而且回来送手电的应该是甲和乙。我们看一下答案：

甲和乙先过桥，共用 2 分钟，然后甲回来送手电，需要 1 分钟，丙和丁拿着手电过桥需要 10 分钟，乙再回来送手电，需要 2 分钟，最后甲和乙一块过桥需要 2 分钟。这样算下来，总共需要 2+1+10+2+2=17（分钟）。

这其中第一次回来送手电的是甲，第二次是乙，也可以把他们调过来，第一次让乙送，第二次让甲送，结果是一样的。

这种智力游戏同棋类游戏一样，最关键的地方在于决策的选择。在游戏中，博弈论已经简化到只需要选择出最优决策。刚开始学习围棋的小朋友同围棋九段大师之间的区别也只是决策高低的问题。游戏的初级玩家只懂得一些小策略，或者小技巧，等他们水平高了，便会制定出一些复杂的决策，从而成为博弈高手。

游戏中对手之间是相互依存的关系，你作出决策的依据是对方的决策，胜败不仅取决于你的决策是否够好，还取决于对手的策略是否比你技高一筹。这也是博弈论同游戏之间的相似之处。

从博弈论的角度谈高薪养廉

收入多少会影响到一个官员是否贪污，高薪养廉是有一定的理论依据的。

这种做法对降低贪污腐败比率有一定的作用。但单纯靠提高薪酬这一个措施的话，肯定是不够的，必须多管齐下。

预防措施

加强执法力度，使贪污分子被揭发出来的概率变大。

增强处罚力度，对贪腐分子起到震慑作用。

道德教育讲座

讲台

加强道德教育，让官员从内心里打消贪腐的念头。

□ 比的就是策略

秦始皇是中国历史上非常伟大的一个帝王，他在两千多年前第一次统一了中国，并将中国建造成了当时世界上最庞大的帝国。在统一之前，秦国在国内进行了商鞅变法，无论是在经济、政治，还是军事方面，都实力大增。但是与其他六国的实力总和相比，还是有很大的差距。其余六国都已经感受到秦国崛起带来的威胁，怎样处理与秦国的关系，已经成了关乎国家存亡的大事。

在当时的局势下，六国可以采取的策略有两种。第一种是六国结成军事联盟，共同应对秦国崛起带来的威胁。如果秦国侵犯六国中任何一个国家，其他盟国必须要出兵相助，这种策略被称为"合纵"；第二种策略是"连横"，就是六个国家分别同秦国交好，签订互不侵犯、友好往来的协议。

当时六国中，齐国是与秦国实力最接近的一个国家，也是对秦国威胁最大的一个国家。无论是"合纵"，还是"连横"，都将是秦国的主要对手。

在当时的情形下，如果秦国默许六国结盟，那么也就无法完成统一大业。而且，齐国凭借自己的实力，定会成为同盟的核心，势力得以扩张。如果秦国采取"连横"策略，分别同六国签订互不侵犯条约，同时六国之间依旧结盟，那么秦国将同六国形成对峙局面，依然无法完成统一大业。最后一种策略是，秦国同六国"连横"，并设法将六国之间的结盟拆散。那样的话，秦国就有机会将六国一一消灭。最终的历史是，秦国与齐国"连横"，从齐国

策略决定成败

秦始皇统一六国，名垂史册，但当时秦国虽强大，却比不上六国共同的实力，倘若六国结盟。秦国必定不是对手。面对六国，秦国有三个策略可以选择，而秦始皇正是选择了最优策略，才完成了统一大业。

策略一：不采取主动措施，任由六国结盟。

结果

六国结盟实力强大，秦国不是对手，无法完成统一大业。

策略二：分别与六国结盟。

结果

虽分散了六国的实力，但有盟约在，秦国依然无法攻打其他六国，所以无法完成统一。

从此我国就与贵国结盟了。

我们要先从邻国开始攻打，逐步完成统一。

策略三：远交近攻、分化离间。

结果

使六国无法统一实力，逐个攻击，一一打败，完成统一。

秦国采取了第三种策略，逐个征服，在吞并齐国后，终于取得成功。可见策略的选择十分重要，最优的策略可以帮助人们取得成功。

开始下手破坏六国之间的结盟关系。

公元前 230 年起，秦始皇从邻国开始下手，采取远交近攻、分化离间等手段，拆散六国结盟，并将六国逐个击破。至公元前 221 年，秦国吞并齐国，终于完成了统一大业，秦始皇得以名垂千古。齐国也承受了策略失败带来的亡国之痛。

首先，这是一场博弈。博弈的参与者是秦国和其他六个国家，秦国的利益是争取更多的领土，统一中国；而其他六国的利益是保卫国土不受侵犯。在这场博弈中，各方的信息都是对等的，胜负的关键在于策略的制定。秦国制定了最优的策略，同时齐国制定了一个失败的策略。最终秦国的策略为其带来了成功。

既然我们身边充满着博弈，那么，随时都需要对自己身处的博弈制定一个策略。同样的情况下，一个小策略可能就会给自己带来很大的收获。下面便是这样的一个例子。

今天是情人节，晚上男朋友拉着小丽去逛商场，说是要她自己选择一样东西，作为送她的情人节礼物。不过事先已经说好了，这样东西的价格不能超过 800 元。

两个人高高兴兴地来到了商场，逛了一段时间之后，小丽看中了一款皮包，不过标价是 1500 元。小丽心想这个价位有点高，如果自己贸然提出来要买的话，男朋友肯定不乐意。于是她先将这个包放下，一边看其他东西，一边想怎样能让男朋友心甘情愿地主动给自己买这个包。

想了一会儿之后，她有了主意。

那天晚上，他们逛遍了整座商厦，一件东西也没看中。男朋友不停地帮她挑衣服挑鞋子，但是哪一件她都看不上；男朋友又带她去看化妆品，试了几种之后，她表示没兴趣；男朋友又带她去看首饰，试来试去，总也找不到自己满意的。不管是什么，她都不去主动看，反而是男朋友越挑越急，帮着她挑这挑那。无论是什么，她都只回复"不好看""不喜欢"或者是"不感兴趣"。

就这样，从晚上七点一直逛到九点多，眼看商场都要关门了。今天买不上的话，到了明天就过了情人节了。男朋友此时已经由着急变成了泄气，他细数了一下，衣服不喜欢，鞋子也不喜欢，化妆品也不喜欢，首饰也不喜欢。那买个包怎么样？

这正是小丽心中想要的，便说："好吧！"

男朋友看到终于找到了女朋友喜欢的礼物，再加上前面费了这么大的力气，已经筋疲力尽，也就不再讨价还价，很高兴地给小丽买了那个1500元的皮包。

这件事情的成功完全得益于小丽的策略。如果直接提出来买，男朋友可能会不答应，或者即使买了也是很勉强。于是，她不断地对男朋友说"不"，对他挑选的礼品进行否决。一个人屡屡被否决之后就会泄气，这个时候，你的一个肯定带给他的满足感会让他不再去考虑那些细枝末节的小问题，从而变得兴奋。

良好的策略能让一个国家完成统一大业，也能让一个女孩子争取到自己想要的礼品，这都说明博弈无处不在。职场中也是如此。

职场是一个没有硝烟的战场，公司与职员之间、领导与下属之间、同事之间，无论是合作还是竞争，都是博弈，都需要策略。

孙阳是一家公司的老总，最近公司人事调动，一名部门经理退休，需要提拔一名新的部门经理。经过筛选，孙阳认为现在公司里符合标准的有两个人：小张和小王。两人都是原先部门经理手下的副经理。小张因为工作时间长一些，业务比小王熟练些，被视为最有可能接替经理职位的人。小王虽然业务熟练程度稍逊一筹，但是办事细心、为人真诚。

选谁呢？孙阳认为业务能力只是工作能力的一部分，只要给予机会和时间，大部分人都能熟练掌握。而对待工作的态度则更重要，这一点上，他更欣赏小王。在任命部门经理的方式上，他有两个选择，也可以说是两个策略：

一是直接宣布任命小王为部门经理，小张继续担任副经理。

二是发布一个虚假消息，假传公司要招聘经理，看看两人的反应，再作决定。

第一个策略是大家常见的方式，这样的方式导致的后果便是小张满腹牢骚，工作积极性下降，甚至与新上司采取不合作的态度。这样的结局对公司和员工个人来说都不利，是一种会导致两败俱伤的决策。

第二个策略可以将两个人对待工作、对待公司的态度展现出来，到时候再宣布任命人选，输的一方就会心服口服。

最终孙阳选择了第二个策略。在公司开会的时候，他故意透漏了公司准备对外招聘经理的信息。果然不出所料，小张得知自己这次升迁的机会泡汤之后，虽然不敢对高层抱怨，在私底下却是满腹牢骚，工作积极性大减，这一切都被公司高层看在眼里。反观小王，他一如既往地工作，办事认真，待人诚恳，丝毫没有受到这个消息的影响，这也更坚定了孙阳任命他为部门经理的决心。

半个月之后，公司宣布不再对外招聘经理，而是内部提升。这个时候，公司高层在对两位人选的综合评定中，考虑了近半个月内两人的表现，最终决定让小王担任部门经理一职。这个结果也在小张的意料之中，他输得心服口服。

同样一件事情，用不同的策略来解决，得到的结果便不同。这就是策略的作用，也是策略的魅力所在。博弈论的核心是寻找解决问题的最优策略，本书中会针对不同类型的问题，分别给出相对应的最优策略。

最理想的结局：双赢

博弈的三种分类中，正和博弈是最理想的结局。

正和博弈就是参与各方本着相互合作、公平公正、互惠互利的原则来分配利益，让每一个参与者都获得满意的结果。

合作共赢的模式在古代战争期间经常被小国家采用，当它们自己无力抵抗强国时，便联合其他与自己处境相似的国家，结成联盟。其中最典型的例子莫过于春秋战国时期的"合纵"策略。

春秋战国时期，各国之间连年征战，为了抵抗强大的秦国，苏秦凭借自己的三寸不烂之舌游说六国结盟，采取"合纵"策略。一荣俱荣，一损俱损。正是这个结盟使得强大的秦国不敢轻易出兵，换来了几十年的和平。

从古代回到现代，中国与美国是世界上两个大国，我们从两国的经济结构和两国之间的贸易关系来谈一下竞争与合作。

中国经济近些年一直保持着高速增长。但是同美国相比，中国的产业结构调整还有很长的路要走。美国经济中，第三产业的贡献达到 GDP 总量的 75.3%，而中国只有 40% 多一点。进出口方面，中国经济对进出口贸易的依赖比较大，进出口贸易额已经占到 GDP 总量的 66%。美国随着第三产业占经济总量的比重越来越大，进出口贸易对经济增长的影响逐渐减弱。美国是中国的第二大贸易伙伴，仅次于日本。由于中国现在的很多加工制造业都是劳动密集型产业，所以生产出的产品物美价廉，深受美国人民喜欢。这也是中国对美国贸易顺差不断增加的原因。

中国对进出口贸易过于依赖的缺点是主动权不掌握在自己手中。2008 年掀起的全球金融风暴中，中国沿海的制造业便受到重创，很多以出口为主的加工制造企业纷纷倒闭。同时对美国贸易顺差不断增加并不一定是件好事，顺差越多，美国就会制定越多的贸易壁垒，以保护本国的产业。

由此可见，中国首先应该改善本国的产业结构，加大第三产业占经济总量的比重，减少对进出口贸易的依赖，将主动权掌握在自己的手中。同时，根据全球经济一体化的必然趋势，清除贸易壁垒，互惠互利，不能只追求一时的高顺差，要注意可持续发展。也就是竞争的同时不要忘了合作，双赢是当今世界的共同追求。

第二章

智猪博弈：
聪明者善借力而行

□搭便车的小猪

猪圈里面有大小两头猪,猪圈很长,在猪圈的一边有一个踏板,另一边是饲料的出口和食槽。踩下踏板之后就会有 10 份猪食进入食槽,但是踩下踏板之后跑到食槽边上消耗的体力则需要吃两份猪食才能补充回来。问题在于,踏板和食槽在猪圈的两端,踩下踏板的猪从踏板处跑到食槽的时候,食物已经被坐享其成的另一头猪吃得差不多了。

在这种情况下,两头猪可以选择的策略有两个:自己去踩踏板或等待另一头猪去踩踏板。如果某一头猪作出自己去踩踏板的选择,不仅要付出劳动,消耗掉两份饲料,而且由于踏板远离饲料,它将比另一头猪后到食槽,从而减少吃到饲料的数量。我们假定:若大猪先到(即小猪踩踏板),大猪将吃到 9 份的饲料,小猪只能吃到 1 份的饲料,最后双方得益为(9,-11);若小猪先到(即大猪踩踏板),大猪和小猪将分别吃到 6 份和 4 份的饲料,最后双方得益为(4,4);若两头猪同时踩踏板,同时跑向食槽,大猪吃到 7 份的饲料,小猪吃到 3 份的饲料,即双方得益为(5,1);若两头猪都选择等待,那就都吃不到饲料,即双方得益均为 0。

那么,这个博弈的均衡解是什么呢?这个博弈的均衡解是大猪选择踩踏板,而小猪选择等待,这时,大猪和小猪的净收益水平平均为 4 个单位。这是一个"多劳并不多得，少劳并不少得"的均衡。

从智猪博弈的收益矩阵中，我们可以看出：小猪踩踏板只能得到 1 份甚至损失 1 份，不踩踏板反而能得到 4 份。对小猪而言，无论大猪是否踩动踏板，小猪采取"搭便车"策略，也就是舒舒服服地等在食槽边，都是最好的选择。

由于小猪有"等待"这个优势策略，大猪只剩下两种选择：等待就吃不到；踩踏板得到 4 份。所以"等待"就变成了大猪的

重复剔除严格劣策略

A 有甲、乙两个办法，B 有 a、b、c 三个办法，在两人合作中，产生六种组合，究竟选择哪种组合使 AB 两人收益最大？

		B		
		策略 a	策略 b	策略 c
A	策略甲	1.0	1.3	0.1
	策略乙	0.4	0.2	2.0

➡ 根据这六种组合，可以很清楚地看出：当 B 选择 c 的时候，无论 A 选择甲、乙哪个办法，B 的收益都小于他选择 b 收益的时候。所以此时对于 B 来说，方法 c 将被排除。

➡ 根据剩下的组合分析，A 的甲、乙办法中，乙的收益总是低于甲的，所以要将乙排除。以此类推，得到最后两者收益最好的办法组合为（1，3）即 A 选择办法甲，B 选择办法 b。

重复剔除严格劣策略：将参与人的劣势策略剔除，剩余的优势策略进行组合，最后剩余的唯一策略组合就是博弈的均衡器。称为"重复剔除的占优均衡"。

劣势策略，当大猪知道小猪是不会去踩动踏板的，自己亲自去踩踏板总比不踩强，只好为自己的4份饲料不知疲倦地奔跑于踏板和食槽之间。

也就是说，无论大猪选择什么策略，选择踩踏板对小猪都是一个严格劣策略，我们首先要加以剔除。在剔除小猪踩踏板这一选择后的新博弈中，小猪只有等待一个选择，而大猪则有两个可供选择的策略。在大猪这两个可供选择的策略中，选择等待是一个严格劣策略，我们再剔除新博弈中大猪的严格劣策略——等待。剩下的新博弈中只有小猪等待、大猪踩踏板这一个可供选择的策略，这就是智猪博弈的最后均衡解，达到重复剔除的优势策略均衡。

上面讲的是有名的智猪博弈。大小两只猪的智斗，体现了以猪圈为背景的小社会中的博弈。故事中，小猪不参与竞争，而是舒舒服服地等在食槽边吃东西；大猪为一点残羹不知疲倦地奔跑于踏板和食槽之间。看起来，十分不公平，却反映了社会上普遍存在的一种现象，即搭便车现象。

关于搭便车所产生的问题，在曼昆的《博弈原理》第二版中讲到"搭便车"的故事时给出了解答。

美国一个小镇的居民喜欢在7月4日这天看烟火。设想这个小镇的企业家艾伦决定举行一场烟火表演，可以肯定艾伦会在卖出门票时遇到麻烦。因为所有潜在的顾客都能想到，他们即使不买票也能看烟火。烟火没有排他性，人人都可以看到。实际上，人人都可以搭便车，即得到看烟火的机会而不需要支付任何成本。

尽管私人市场不能提供小镇居民需要的烟火表演，但解决小镇问题的方法是显而易见的：当地政府可以赞助 7 月 4 日的庆祝活动。镇委员会可以向每个人增加 2 美元的税收，并用这种收入雇佣艾伦提供烟火表演。

因此，政府可以潜在地解决这个问题。如果政府确信，总利益大于成本，它就可以提供公共物品，并用税收为它支付，使每个人获得"搭便车"的权利。所以，可能产生"搭便车"的物品或服务，理应由政府来提供。

聪明人的成功经验

搭便车理论首先由美国博弈家曼柯·奥尔逊于 1965 年发表的《集体行动的逻辑：公共利益和团体理论》一书中提出。其基本含义是不付成本而坐享他人之利。

假如有一天过道灯坏了，你去换了一个灯泡，它在照亮你的同时也照亮了你的邻居，虽然他们没有为此付费却得到了好处，那么对你来说，最平等的方法是让你的那些邻居们也为此付费。但你的邻居也许会告诉你他们宁愿让过道灯继续黑下去也不愿为此付费，尽管他们的本意并非如此，而是希望搭你的便车享受免费的好处。但是，假如那个灯泡市场售价是 50 元，会怎样呢？100 元，或者是 1 万元呢？市场就这样趋近于失灵：假如没有任何外力作用，我们的过道灯多数都会黑掉。

社会中搭便车现象甚多，就目前的图书业而言，搭便车之风日甚。大量的跟风图书充斥市场，跟风人自己不费什么成本，便取得利润，出了《品三国》就出《品三国前传》，出了《水煮三国》就出了《水煮红楼》《水煮梁山》等，出了《狼图腾》接着就出《狼道》《狼性法则》等。因为这是最符合以最小的成本获取最大收益的经济学原则。就像智猪博弈故事中的小猪，即使自

聪明人懂得搭便车

等待，成了我的劣势策略。自己亲自去踩踏板总比不踩强吧！

俺还是"搭便车"最好！

小猪不踩踏板照样可以吃到食物，还有可能因为不踩踏板而提前到达饲料出口，更快更多地吃到食物。

搭便车行为是符合经济学原则的，符合帕累托效率的。帕累托效率认为几个事物的最佳处置是在不让其中任何一个变得更坏的情况下，而使自己变得更好，这种情况称为帕累托优化。

搭便车恰恰是这样一种行为，聪明的一方搭了别人的便车，并利用别人的强势，凌驾于别人之上。

己不踩踏板，一样可以吃到食物，为什么自己要去踩踏板呢？完全没有必要。

关注 IT 市场的人大多知道 CPU 生产的两大巨头，英特尔和 AMD。但经过对这两家企业的观察我们可以发现，每次 CPU 升级都是从 AMD 开始的。比方说英特尔从奔腾 III 升级至奔腾 IV，最先炒作概念的是 AMD，当 AMD 将最新设计的高速 CPU 的各类广告在市场上投放一两个月后，当消费者对产品的认识和购买欲都已经被充分地调动起来时，英特尔才突然宣布推出自己的相似产品，来"帮助"AMD 收割广告的果实。在这场斗争中，胜利者是英特尔，因为在 CPU 市场中，英特尔不仅占据 70% 以上的市场份额，拥有更强大的资金优势，最关键的是英特尔占据了消费者以及经销商心目中不可逾越的优势。在人们眼中，英特尔似乎永远是这个领域的领导者，因此，不论是 OEM 市场还是散件零售市场，英特尔都占据了天然优势。因此英特尔有把握让竞争对手先把市场预热后，再冲进来击败对手。

搭便车时弱者需要付出的成本很小，所获利润却与强者相差无几，因此往往是弱者跟强者之风，有时搭便车的弱者还可能会拖垮强者。英特尔和 AMD 的例子虽然特殊，但也符合帕累托效率，因为在此例中领先者虽然在竞争中失利（血本无归），但对市场竞争来说，这样的便车却有利于技术的进步，消费者得益会更多，使更多跟风企业变得更好。这当然是以领先者的成本付出为代价的，但相对于众多跟跑者收益的总和而言，还是有益的。这样的情况一般发生在实力相当的博弈者之间，是当一个企业用尽力气超过一个新的概念后，很多追随者会纷至沓来，虽然可能先出手的企业会赚得利润率最高时期的第一桶金，但由于需要支付高额的广告费用，受益更多的可能会是那些后来的追随者。一旦出现博弈各方实力相差悬殊的情况，弱小者虽然会得益，但其市场份额不足以挤倒领先者，不过如果众多后进者联合起来，蚕食市场，其力量也是相当惊人的。比如当年的影碟机市场，最先开发出 VCD 的万燕公司由于开发成本耗尽了公司的资源而无力支撑宣传费用导致破产，被爱多搭了第一趟便车。而当爱多千方百计把影碟机在国内炒热后，发现真正赚到钱的已不是自己了，但高昂的宣传成本却使得自己再无还手之力。结果自己最先创新，却被自己的策略打得一败涂地，而搭便车的那些"小猪"们则占领了市场，使爱多公司对市场望洋兴叹。

总结以上"聪明人"的成功经验，看来，搭便车的确是一种实用的生活智慧，值得人们好好学习。

□职场智者的选择

做"大猪"固然辛苦，但"小猪"也并不轻松。虽然工作可以偷懒，但私下里，要花费更多的精力去维护关系网。

这种聪明未必值得提倡。工作说到底还是凭本事、靠实力的，靠人缘、关系也许能风光一时，但也是脆弱的、经不住推敲的风光。"小猪"什么力都不出反而被提升了，看似混得很好，其实心里也会发虚：万一哪天露了馅……如果从事的不是团队合作性质的工作，而是侧重独立工作的职业，那又该怎么办？还能心安理得地当"小猪"吗？

在职场中，"大猪"付出了很多，却没有得到应有回报；做小猪虽然可以投机取巧，但这并不是一种长远的计策。因此，身在竞争激烈的职场中，一个最理想的做法就是，既要做"大猪"，也要会做"小猪"。

小杨和小李两人从小一起长大，后来又考上了同一所大学，大学毕业后两人进了同一家公司上班。

工作一年后，两人的工资有了很大的不同：小杨的工作已经达到8000元，而小李却依然拿着800元的薪水。

这天，两人的大学老师来看望他们。在和公司老总交流后，老师得知了两人工资上的差距。老师表示出了很大的疑问，就问公司老总："他们两人在学校的时候，成绩都差不多，怎么工作一年后会有如此大的差别？"

老总听完老师的话，没有马上回答，只是微笑着说："老师，你稍微等一下。我现在叫他们两人来做一件相同的事情，你观察一下他们的表现，就可以知道答案了。" 于是，老总把两人同时找来，然后对他们说："公司准备订一批服装作为工装，现在请你们去调查一下市场上的服装情况，看看有没有合适的服装适合咱们公司用，希望你们能够尽快给我答复。"

小杨和小李得到任务后，就离开了。一小时后，小李先回到了公司。

小李向老总报告："市场上有种款式的服装卖得很不错，我们可以订购。"老总问道："批发价是多少呢？有多少供应商？订购多少有优惠？"小李只能说出批发价，其他的一概不知，他还辩解道："这些问题您没有让我打听。"老总看看一旁的老师，老师一副若有所思的样子。

这时，小杨正好回来了。老总就问小杨调查得怎样，小杨回答道："是这样的。市场上有种款式的服装不错，我已经问过了批发价是 300 块钱一套。一共有十多家供应商，其中有一家表示，如果起订在 50 套以上的话，每套还可以优惠 50 块钱。在去之前，我已经计算过了，公司有一百多人，工装起订应该在一百套以上，所以优惠应该还可以更大。另外，我这里还有几个供应商的联系方式，详细细节咱们还可以继续和他们沟通。"

听到这里，老总微笑着连连点头。

通过小杨和小李的不同汇报结果，相信任何人都已经明白，为什么他们的工资会有如此大的差别了。其实，在任何一家公司，都能够看到这两种人，两者之间的工资差异完全取决于他们各自的付出，个人的"投入"决定了公司的"产出"。

在人力市场中，小杨和小李都属于人力资源。很显然，小杨更懂得付出和努力，所以他具有的人力资本要比小李更能给公司带来市场回报。小杨的个人努力是一种"投入"，因此带来的"产出"则是老板给予的高薪。对于企业老板来说，他们也更愿意雇佣像小杨这样的人才，因为付出的同时会为公司带来更大的效益。

员工和企业的"智猪博弈"

员工和企业也是一个"智猪博弈"过程，员工就是大猪，员工有两种选择，努力工作或者消磨时间。

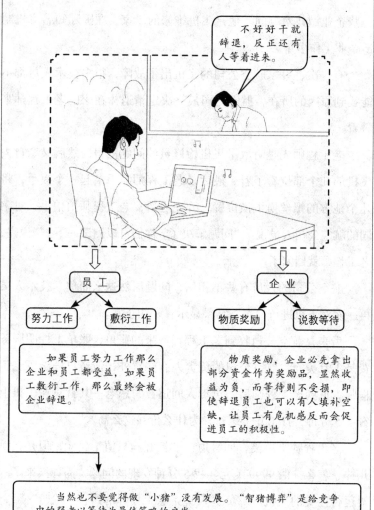

积极提升自身的能力，会为自己赢得更好的回报。在"投入"达到一定数量时，有时候会有意想不到的回报。

曾有一位飞机维修工程师，退休后一直赋闲在家，偶尔会为一些企业做技术顾问。他是飞机维修的专家，在国际知名飞机制造企业工作多年。

有一次，一家航空公司的飞机出了故障，很多技术人员都不能找到原因的所在，航空公司最终决定请退休在家的老工程师来看看。

老工程师先是听取了飞机检修员的问题汇报，然后又亲自去飞机的几个部位看了看。最后，老工程师随手拿起一个扳手，将几个地方的螺丝换了换位置。弄完之后，老工程师拍拍手，对陪同的航空公司人员说："问题解决了，你们可以测试一下。"说完，老工程师就回家了。

航空公司的人员有些不相信，问题居然这么简单。技术人员再一次对飞机进行检查，结果显示：一切正常。

后来，航空公司收到老工程师寄来的账单，账单上标明服务费是1万美元。航空公司的负责人有些意外，他亲自拜访了老工程师。见到老工程师后，负责人问道："您老一共就只在飞机上看了5分钟，拧了几个螺丝，为什么价钱这么高？"

老工程师笑一笑，回答道："拧螺丝只值1美元，但是在哪儿拧、怎么拧值9999美元。我5分钟发现的问题，为你换来了一架运行完美的飞机。"负责人听完老工程师的回答，哈哈一笑，不再多说，马上拿出填好的支票。

老工程师之所以能够轻而易举地获得航空公司的高额服务费，就在于他之前的工作积累。如果没有多年的维修经验支持，老工程师也不能轻易发现飞机存在的问题。航空公司的负责人正是明白了老工程师早期的"投入"积累，才会心甘情愿地为他支付万元的支票。

在现代社会中，那些舍得付出、懂得投入的人，才会赢得更多的回报。在任何一个企业，只有那些愿意为企业付出、具有高素质与高技能的员工会受器重。

社会是不断进步发展的，在按劳分配的基础上，将按生产要素分配的比重扩大是一种必然趋势。经济市场是残酷的，要想在竞争中获得升迁，得到更多的价值回报，就必须不断地学习、不断地加大对自身的"投入"。当"投入"有了一点的积累后，享受"产出"就成为理所当然的事情了。

□刘备的"老二哲学"

东汉末年，曹操挟天子以令诸侯，势力很大；刘备虽为皇叔，却势单力薄，为防曹操谋害，不得不在住处后园种菜，亲自浇灌，以为韬晦之计。

这一天，刘备正在浇菜，曹操派人来请，他只得胆战心惊地与使者一同前往。来到曹府，曹操不动声色地对刘备说："在家做的大好事！"说者有意，听者有心，听完这句话刘备吓得面如土色，曹操又转口说："你学种菜，不容易。"这才使刘备稍稍放下心来。曹操说："刚才看见园内枝头上的梅子青青的，想起以前一件往事（即"望梅止渴"），今日见此梅，不可不赏，恰逢煮酒正熟，故邀你到小亭坐一会儿。"刘备听后心神方定。

二人来到小亭，只见已经摆好了各种酒器，盘内放置了青梅，于是就将青梅放在酒樽中煮起酒来了，二人对坐，开怀畅饮。酒至半酣，突然阴云密布，大雨将至，曹操大谈龙的品行，又将龙比作当世英雄，问刘备，当世英雄是谁，刘备装作胸无大志的样子，说了几个人，都被曹操否定。

曹操此时的主要目的是想探听刘备是否想称雄于世，于是说："夫英雄者，胸怀大志，腹有良谋，有包藏宇宙之机，吞吐天下之志者也。"刘备问：谁能当英雄呢？曹操单刀直入地说："当今天下英雄，只有你和我两个！"刘备一听，吃了一惊，手中拿的筷子也不知不觉地掉到地上。正巧突然下大雨，雷声大作，刘备灵机一动，从容地低下身拾起筷子，说是因为害怕打雷，才掉了筷子。曹操此时才放心地说："大丈夫也怕雷吗？"刘备说："连圣人对迅雷烈风也会失态，我还能不怕吗？"刘备经过这样的掩饰，使曹操认为自己是个胸无大志、胆小如鼠的庸人，曹操从此再也不怀疑刘备了。

后来，刘备终于得以东山再起，成就了一番伟业。

曹操"煮酒论英雄"时，刘备一文不名。如果刘备此时对自己的才华不加掩饰，势必会引起曹操的戒心甚至杀心。刘备的这种智谋，其实就是一种后发制人的智猪博弈策略。

这种后发制人的博弈策略又叫"老二哲学"。所谓"老二哲学"，就是不做第一，不做第三，只是紧紧跟在排名首位的后面做老二，先隐藏不动，储谋蓄势，瞄准机会再冲向第一。或许是暂时不愿做"出头鸟"，或许是想挂在后面搭个便车，但最终没有一个人会甘居第二，甘于人后也只是个过渡。

生活中，很多人不懂得这种"老二哲学"，事事都抢争第一，以为抢先一步就一定能抓住别人抓不住的机会。事实证明，

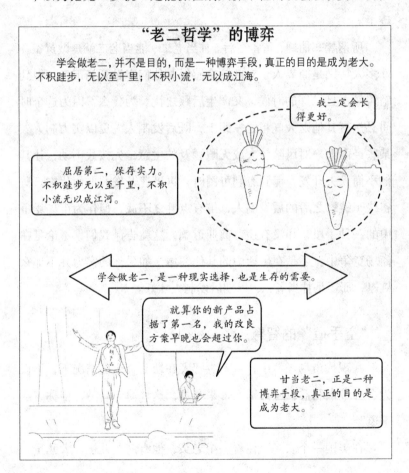

抢争第一的并不一定是最后的赢家。其中最典型的例子就是万燕最先做 VCD 生意，但后来钱都让步步高、爱多赚去了。当年万燕花了大把的钱，告诉消费者 VCD 是个好东西。直到市场培育好了，大家认可了 VCD 的好处时，步步高、爱多出手了：树立自己的品牌形象，完善自己的营销网络，再把价格降下去，一举成名！而为他人作嫁衣的万燕呢？在不知不觉中就销声匿迹了。

所谓螳螂捕蝉，黄雀在后。甘当老二、能当老二就是做黄雀。好多人特别是商界人士对此颇有感触。他们辛勤开拓市场，但到销售额一旦见好的时候，又产生后顾之忧。为什么？因为这个时间必然有其他财大气粗之辈跟上，既后发制人，更以实力制人。某些经商大户对风险较大或无暇顾及的生意，先按兵不动，让其他小商人去开发，等到有利可图时，再迅速开发并取而代之。黄雀伏于螳螂之后的后发制人，虽有点胜之不武，但作为市场竞争中的一种手段，却没有违背商业道德，这就告诫我们，不论是在商场竞争中，还是在生活中的其他领域，如果你的实力并不那么雄厚，那还是甘当老二，以期后发制人才好。

□ "空手道"的智慧

在现代市场经济中，有不少智者在缺乏资金的情况下，不仅为自己带来利益，还为别人带来利益，这种博弈智慧，俗称"空手道"。

在美国一个农场，住着一个老头，他有三个儿子。大儿子、二儿子都在城里工作，小儿子和他在一起，父子相依为命。

突然有一天，一个人找到老头，对他说："尊敬的老人家，我想把你的小儿子带到城里去工作。"老头气愤地说："不行，绝对不行，你滚出去吧！"这个人说："如果我在城里给你的儿子找个对象，可以吗？"

老头摇摇头："不行，快滚出去吧！"这个人又说："如果我给你儿子找的对象，也就是你未来的儿媳妇是洛克菲勒的女儿呢？"老头想了又想，终于被儿子当上洛克菲勒的女婿这件事打动了。

过了几天，这个人找到了美国首富石油大王洛克菲勒，对他说："尊敬的洛克菲勒先生，我想给你的女儿找个对象。"洛克菲勒说："快滚出去吧！"这个人又说："如果我给你女儿找的对象，也就是你未来的女婿是世界银行的副总裁，可以吗？"洛克菲勒于是同意了。

又过了几天，这个人找到了世界银行总裁，对他说："尊敬的总裁先生，你应该马上任命一个副总裁！"总裁先生摇头说："不可能，这里这么多副总裁，我为什么还要任命一个副总裁，而且必须马上任命呢？"这个人说："如果你任命的这个副总裁是洛克菲勒的女婿，可以吗？"总裁先生当然同意了。

于是，老头的儿子没有花任何代价就成了世界银行的总裁，并娶了洛克菲勒的女儿为妻。

某市一家无线电厂，早些年跟风购置了一条彩电生产线。由于有货无市，企业转产，生产线便成了废物，成为该厂一大心病，丢弃可惜，放着又浪费资金。这则消息被曲某知道后，一拍胸脯，财大气粗地说："我全要了。"

但曲某是有条件的：按原价 100 万收购，先货后款，同时加上利息款 20 万元，共 120 万元，一年后一次付清。

无线电厂为终于甩掉包袱而欣喜万分，殊不知曲某此时正在玩空手道呢。

"空手道"的博弈

没有资金，没有人际关系，我怎么才能成功啊？

许多人在通往成功的路上，往往抱怨没有资金、没有人力，没有可助自己成功的资源。其实，一个头脑灵活的人完全可以借助"空手道"的博弈智慧取得成功。

财力　　物力　　人力

什么是空手道？用科学的语言来描述，就是通过独特的创意、精心的策划、完美的操作、具体的实施，在法律和道德规范的范围之内，巧借别人的人力、物力、财力，来获取成功的运作模式。

今天的经济社会，需要创新，成功人士在通往成功的道路上创造了许多成功的方法。

其时，俄罗斯某商人急需添购彩电生产线，但苦于没有资金，然而他有价廉物美的游艇。首先，曲某打算用 100 万元的彩电生产线换回价值 120 多万元的豪华游艇。之后，利用游艇在湘江上开办旅游观光娱乐项目。因为该市是有名的旅游胜地，人口流量特大，而且，这里还有一个风景宜人的小岛，在此经营旅游娱乐业，管保赚钱。其次，曲某有了资金就可以注册办公司，用游艇作为抵押，向银行贷款，用贷来的款项在当地买地建房，或者开办综合性旅游服务项目。果然，一年之后，曲某净赚了 500 万元，付给无线电厂 120 万，净余 380 万利润。

当然，空手道的实例还远不止这两种，只要我们拥有知识，拥有智慧，自然会运用各种空手道的智慧去实现多赢博弈。

有一位年轻人，最大的嗜好就是喂养鸽子。然而随着鸽群队伍的逐渐增大，他的经济状况越来越拮据。面对财政上出现的赤字，他除了焦急也无可奈何。

直到有一天，他被离家不远的街心花园里的几只小鸟触发了灵感。那是几只在此安家落户的野鸟，适应了人来人往的都市氛围，有时一些游客顺手丢些零食，它们会乖巧地啄食。见此情景，年轻人联想到了自己的一群鸽子。

于是，在一个假日，年轻人将自己的鸽子带到了街心花园里。果然不出所料，前来游玩的人们纷纷将玉米花抛向鸽子，又逗又玩，有人还趁机照相。一天下来，鸽子吃饱了，省下了年轻人一天的饲料钱。这个年轻人没有就此满足，他想到了一个更加绝妙的主意，就是在花园里出售袋装饲料，既可以赢利，又可以喂养鸽子。

　　他辞去了原先的工作，专门在公园内出售鸽子饲料，收入居然超过了以前的工作，又省下了喂养鸽子的大笔开销，同时可以终日逗弄自己心爱的鸽子，真所谓"一举数得"，街心花园也因此出现了一个新的景观。

　　用游客的钱喂自己的鸽子，同时还可赢利，年轻人这一巧妙的暗借博弈，将孔明的草船借箭继承并发挥得淋漓尽致。

第三章

猎鹿博弈:
让手中的资源最佳组合

□猎鹿模式：选择吃鹿还是吃兔

猎鹿博弈最早可以追溯到法国著名启蒙思想家卢梭的《论人类不平等的起源和基础》。在这部伟大的著作中，卢梭描述了一个个体背叛对集体合作起阻碍作用的过程。后来，人们逐渐认识到这个过程在现实生活所起的作用，便对其更加重视，并将其称为"猎鹿博弈"。

猎鹿博弈的原型是这样的：从前的某个村庄住着两个出色的猎人，他们靠打猎为生，在日复一日的打猎生活中练就出一身强大的本领。一天，他们两个人外出打猎，可能是那天运气太好，进山不久就发现了一头梅花鹿。他们都很高兴，于是就商量要一起抓住梅花鹿。当时的情况是，他们只要把梅花鹿可能逃跑的两个路口堵死，那么梅花鹿便成为瓮中之鳖，无处可逃。当然，这要求他们必须齐心协力，如果他们中的任何一人放弃围捕，那么梅花鹿就能够成功逃脱，他们也将会一无所获。

正当这两个人在为抓捕梅花鹿而努力时，突然一群兔子从路上跑过。如果猎人之中的一人去抓兔子，那么每人可以抓到4只。由所得利益大小来看，一只梅花鹿可以让他们每个人吃10天，而4只兔子可以让他们每人吃4天。这场博弈的矩阵图表示如下：

第一种情况：两个猎人都抓兔子，结果他们都能吃饱4天，即（4，4）。

		猎人甲	
		猎兔	猎鹿
猎人乙	猎兔	（4，4）	（4，0）
	猎鹿	（0，4）	（10，10）

第二种情况：猎人甲抓兔子，猎人乙打梅花鹿，结果猎人甲可以吃饱4天，猎人乙什么都没有得到，即（0，4）。

第三种情况：猎人甲打梅花鹿，猎人乙抓兔子，结果是猎人乙可以吃饱4天，猎人甲一无所获，即（4，0）。

第四种情况：两个猎人精诚合作，一起抓捕梅花鹿，结果两个人都得到了梅花鹿，都可以吃饱10天，即（10，10）。

经过分析，我们可以发现，在这个矩阵中存在着两个“纳什均衡”：要么分别打兔子，每人吃饱4天；要么选择合作，每人可以吃饱10天。在这两种选择之中，后者对猎人来说无疑能够取得最大的利益。这也正是猎鹿博弈所要反映的问题，即合作能够带来最大的利益。

在现实生活中，凭借合作取得利益最大化的事例比比皆是。先让我们来看一下阿姆卡公司走合作科研之路击败通用电气和西屋电气的故事。

在阿姆卡公司刚刚成立之时，通用电气和西屋电气是美国电气行业的领头羊，它们在整体实力上要远远超过阿姆卡公司。但是，中等规模的阿姆卡公司并不甘心臣服于行业中的两大巨头，而是积极寻找机会打败它们。

  阿姆卡公司秘密搜集来的商业信息情报显示，通用和西屋都在着手研制超低铁省电矽钢片这一技术，从科研实力的角度来看，阿姆卡公司要远远落后于那两家公司，如果选择贸然投资，结果必然会损失惨重。此时，阿姆卡公司通过商业情报了解到，日本

猎鹿博弈中的合作共赢

  在猎鹿博弈中，两人一起打鹿比各自为政的好处要多，无论是在工作中，还是在生活中，合作双赢的可能性是存在的。

合作之前要有三种好心态

要认识到"利己"不一定要建立在"损人"的基础上，通过有效的合作，能够出现共赢的局面。

不论在哪一个专业领域，仅凭一己之力很难达到事业的顶峰。

合作时要注意公平的原则，如果分配不均，势必会使双方热情受损。

的新日铁公司也对研制这种新产品产生了浓厚的兴趣，更重要的是它还具备最先进的激光束处理技术。于是，阿姆卡公司与新日铁公司合作，走联合研制的道路，比原计划提前半年研制出低铁省电矽钢片，而通用和西屋电气研制周期却要长至少一年。正是这个时间差让阿姆卡公司抢占了大部分的市场，这个中等规模的小公司一跃成为电气行业一股重要的力量。与此同时，它的合作伙伴也获得了长足的发展。2000年，阿姆卡公司又一次因为与别人合作开发空间站使用的特种轻型钢材获得了巨额的订单，从而成为电气行业的新贵，通用和西屋这两家电气公司被它远远地甩在了后面。

在这个故事中，阿姆卡公司正是选择了与别人合作才打败了通用电气和西屋电气，从而使它和它的合作伙伴都获得了收益。如果阿姆卡在激烈的竞争中没有选择与别的公司合作，那么凭借它的实力，要想在很短的时间内打败美国电气行业的两大巨头，简直比登天还难。而日本新日铁公司尽管拥有技术上的优势，但是仅凭它自己的力量，想要取得成功也是相当困难的。

□寻找帕累托最优

墨子的徒弟去见杨朱说："先生，如果你拔掉一根毛，天下因此能得益，你干不干？"

杨朱说："不干。"墨子的徒弟不高兴，出了杨朱的屋。他遇到杨朱的徒弟，就跟杨朱的徒弟说："你的老师一毛不拔。"杨朱的徒弟说："你不懂我老师的真意啊，我解释给你听吧。"

于是，两人就展开了一段对话。

杨朱的徒弟："给你财物，打你一顿，你干不干？"

墨子的徒弟："我干。"

杨朱的徒弟："砍掉你一条腿，给你一个国家，你干不干？"

墨子的徒弟不说话了，他心知再说下去杨朱的徒弟肯定会问："砍掉你的头，给你天下，你干不干？"这还真不能随便答应。

杨朱的徒弟于是继续解释说："毛没了，皮肤就没了；皮肤没了，肌肉就没了；肌肉没了，四肢就没了；四肢没了，身体就没了；身体没了，生命就没了。不可小看个体，现在当权者要牺牲百姓去满足自己的私心，将百姓的天下变成自己的天下，这怎么行？如果每一个百姓都能尽自己的本分，该耕田的耕田，该纺织的纺织，一个个的小利益积累起来，就是天下的大利益了，即所谓'无为而无不为，无利而无不利'。"

这就是"一毛不拔"典故的来源，其间蕴含着深刻的经济学原理。但对杨朱的这种观点，西方功利主义持不同观点。

比如说，假设一个社会里只有一个百万富翁和一个快饿死的乞丐，如果这个百万富翁拿出自己财富的万分之一，就可以使后者免于死亡，但是因为这样无偿的财富转移损害了富翁的利益（假设这个乞丐没有什么可以用于回报富翁的资源或服务），所以进行这种财富转移并不是"帕累托改进"，而这个只有一个百万富翁和一个快饿死的乞丐的社会可以被认为是"帕累托最优的"。

你的第一本博弈论 用博弈论解决工作和生活的难题

但现代西方经济学出现了一种最佳的方案——帕累托改进，即在提高某些人福利的同时不减少其他任何一个人的福利。帕累托最优是指资源分配的一种状态，在不使任何人的境况变坏的

帕累托最优的三大条件

帕累托最优是以提出这个概念的意大利经济学家维弗雷多·帕雷托的名字命名的，维弗雷多·帕雷托在他关于经济效率和收入分配的研究中使用了这个概念。一般来说，达到帕累托最优时，会同时满足以下3个条件：

1. 交换最优条件：此时对任意两个消费者，任意两种商品的边际替代率是相同的，且两个消费者的效用同时得到最大化。

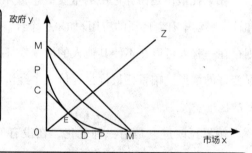

2. 生产最优条件：此时对任意两个生产不同产品的生产者，需要投入的两种生产要素的边际技术替代率是相同的，且两个生产者的产量同时得到最大化。

3. 产品混合最优条件：此时任意两种商品之间的边际替代率必须与任何生产者在这两种商品之间的边际产品转换率相同。

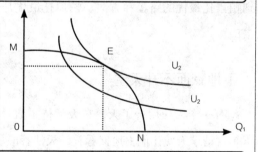

如果一个经济体不是帕累托最优，则存在一些人可以在不使其他人的境况变坏的情况下使自己的境况变好的情形。普遍认为这样低效产出的情况是需要避免的，因此帕累托最优是评价一个经济体和政治方针的非常重要的标准。

情况下，不可能再使某些人的处境变好的状态。帕累托最优只是各种理想态标准中的"最低标准"。也就是说，一种状态如果尚未达到帕累托最优，那么它一定不是最理想的，因为还存在改进的余地，可以在不损害任何人的前提下使某一些人的福利得到提高。但是，达到了帕累托最优的状态也并不一定真的很理想。

帕累托最优是博弈论中的重要概念，并且在经济学、工程学和社会科学中有着广泛的应用。如果一个经济体不是帕累托最优，则存在一些人可以在不使其他人的境况变坏的情况下使自己的境况变好的情形。帕累托最优是评价一个经济体和政治方针非常重要的标准。

帕累托改进，是指一种变化，在没有使任何人的境况变坏的情况下，使得至少一个人变得更好。一方面，帕累托最优是指没有进行帕累托改进余地的状态；另一方面，帕累托改进是达到帕累托最优的路径和方法。帕累托最优是公平与效率的"理想王国"。

□ 下地狱而不升天堂

有一个人死后升了天，在天堂待了数日，觉得天堂太单调，于是就请求天使让他去地狱看看，天使答应了他。

他到了地狱，看到繁花似锦的宫殿、一群群妖媚的女鬼以及各种美食，就对魔鬼说："我决定今天在这里过夜，听说这里很好玩。"魔鬼同意让他留下来过夜，并派了个美女招待他。

第二天，那人回到天堂。跟地狱比起来，天堂的生活仍然很单调。过了不久，他又开始想念地狱的花天酒地，再次请求天使准许他去地狱。一切都如同上一次，他容光焕发地回到天堂。又过了一阵子，他向天使说他要去地狱永久居住，说完不理天使的劝告，坚决地离开了天堂。他到了地狱，告诉魔鬼他是来定居的。魔鬼把他迎进去，可这次接待他的是一个蓬头散发、满脸皱纹的

商品如何占据有利营销市场

互动性对我们的启示意义在于，每个对弈者在决定采取何种行动时，不但要根据自身的利益和目的行事，也要考虑到自身的决策行为对其他人的可能影响，以及其他人的行为对自身的可能影响，通过选择最佳行动计划，来寻求收益或效用的最大化。

性 能

客 户

价 格　　服 务

在激烈的市场竞争中，当商品在性能、价格、服务等方面相似时，商家应加强信息传递，与客户实现互动。

你放心吧，我们会按你的要求为你量身定做一个最好的方案！

商品信息若能先为人知、广为人知；企业若能知客户所想、做客户所求，就能占据绝对有利的市场营销地位。

老太太。"以前接待我的那些美女哪儿去了？"那人不满又好奇地问。"朋友，老实跟你说，旅游是旅游，移民却不是一回事。"魔鬼告诉他。

如果你不知道这个故事所蕴含的博弈原理，表示你还没有掌握博弈的互动性。

我们先看故事里的局中人，有天使、魔鬼、当事人。当事人有两种策略选择，一种是继续待下去，一种是换个环境比如地狱，这两种选择是他与自己生活状态的一种博弈。如果我们把与他博弈的局中人换成天使，那么他在选择两种策略的时候，就要考虑天使的反应。他想选择第二种策略去地狱，天使就面临着答应与不答应两种策略。若天使答应，他怎么办，不答应他怎么办。当然，最后的策略均衡是答应了。

当事人去地狱后，魔鬼与他进行博弈，在用诱惑来吸引他和用丑恶来接待他这两种策略选择中，魔鬼为了留住当事人，先用第一种策略来吸引他。如果魔鬼先用第二种策略的话，当事人肯定就走了，绝不会留在地狱的。魔鬼先选择第一种，而等当事人决定留在地狱时，魔鬼又拿出了第二种。魔鬼的每一个策略都是揣摩当事人的意思而定的。他和当事人之间有一个互动关系，如果当事人的策略选择是不留下，魔鬼肯定要换另外的策略，他总是按照当事人可能的策略选择来定自己的策略。博弈者的身边充斥着其他具有主观能动性的决策者，他们的选择与其他博弈者的选择相互作用、相互影响。这种互动关系自然会对博弈各方的思维和行动产生重要的影响，有时甚至直接影响博弈的结果。

这种互动性是博弈的最大特色。有学者认为，博弈论叫作"互动决策理论"更为准确，因为在博弈论中，博弈者往往是先考虑别人可能会出什么招，再采取行动的。但是，假如我们的做法是以对手的可能动向为依据，那么，相同地，他们在行动时也会考虑到我们将会怎么做，所以在某种程度上，我们的做法其实是建立在我们觉得对手觉得我们会怎么做的基础上。

一些地方政府在做出一项决策之前，召开听证会、做调查，这也是互动决策的一种表现形式。一项社会政策的制定和推行，只有照顾到更广泛的群众利益，才能有效地贯彻和执行。

□新闻大战：同时行动中的优势策略

任何一个决策都是由决策主体作出的，如果从决策主体的人数来分，决策分个人决策和群体决策。个人决策是指，某一个决策者根据他自己的目标从他备选的策略中选择最优策略的一个过程；群体决策则指，一个至少由两个人组成的群体，在一定的规则下，根据群体各成员的决策而形成一个总的决策的过程。

对于某个决策者而言，其决策环境有两种：其他决策者，或自然。所谓其他决策者构成他的决策环境是指这样的情况：决策者的利益与其他决策者的行为选择有关联，其他决策者的利益与该决策者的利益存在关联。此时，决策者的策略选择要考虑他人的策略选择，他人的决策也要考虑该决策者的策略选择。此时的行为选择构成一个博弈。博弈是行为的互动过程，当不存在这样的互动的时候，决策便是面对自然的决策。

生活是由无数的博弈即互动所组成的。我们并不是单独地生活在自然之中，而是生活在群体或社会之中。我们不仅从社会中获得生活必需品，而且也从社会中获得荣誉感和认同感。同时，我们也为社会或者说为他人做出贡献。我们与人群中的其他人组成一个互动的社会，我们依存于这个社会。

由于我们生活在社会之中，我们决策的外部环境更多的是他人。所以我们进行决策时要考虑我们的策略对他人的影响（这个影响反过来又影响到我们自己），我们也要考虑他人的策略选择对我们的影响。

我们的行动和他人的行动是交织在一起的，我们时刻与他人处于互动即博弈之中。因此，我们这里所说的策略选择是针对我们与他人处于一个博弈而言，而不讨论人们面对自然的决策。我们在作决策时要对我们所处于其中的博弈局势进行理性的分析，正确地作出策略选择，以达到我们所要实现的目标。

博弈实际上就是互动的策略性行为。在每一个利益对抗中，人们都是在寻求满足自身利益最大化的优势策略。另外，博弈的精髓在于参与者的策略相互影响、相互依存。这种互动通过两种方式体现出：同时行动和相继行动。

其中一种互动方式是同时行动。比如囚徒困境故事中的情节，参与者同时出招，完全不知道其他人走哪一步。不过，每个人必须心中有数，知道这个博弈游戏存在其他参与者，其他参与者也非常清楚这一点。因此，每个人必须设想一下若是自己处在其他人的位置，会做出什么反应，从而预计自己这一步会带来什么结果。他选择的最佳策略也是这一全盘考虑的一个组成部分，无论对方采取何种策略，我们均应采取自己的优势策略，这正是博弈论研究的主题。为了理解这一点，我们来看一个新闻大战的案例。

美国的两大杂志《时代》和《新闻周刊》在每个星期都会暗自较劲。对于作为周刊的《时代》来说，做出引人注目的封面故事是非常重要的。因为一个饶有趣味的封面，可以吸引站在报摊前的潜在买主的目光。所以说，《时代》的编辑们每个星期都会举行闭门会议，选择下一个封面故事。

其实，他们这么做的同时，《新闻周刊》的编辑们也在关起门来开会，选择下一个封面故事。换句话说，《新闻周刊》的编辑们知道《时代》的编辑们正在做与他们同样的事，而《时代》的编辑们也知道《新闻周刊》的编辑们知道这一点……这两家新闻杂志投入了一场策略博弈中。

由于《时代》与《新闻周刊》的行动是同时进行的，双方不得不在毫不知晓对手决定的情况下采取行动。如果等到彼此发现对方做什么时，再想做或改变什么就太迟了。当然，这个星期的输家很可能在下个星期竭力反扑，但是等到那时，或许已经出现了另外一种搏击模式，双方展开的又将是一场完全不同的博弈。

我们假设本周有两个大新闻：一个是国会就预算问题吵得

不可开交；另一个是发明了一种据说对艾滋病有特效的新药。当两家周刊的编辑们选择封面故事时，都会首先考虑哪一条新闻能更加吸引报摊前的买主（订户则无论采用哪一个新闻封面故事都会买这本杂志）。我们假设在报摊前的买主中，30%的人对预算问题感兴趣，70%的人对艾滋病新药感兴趣，每个人都只会掏钱买那本封面故事是自己感兴趣的新闻的杂志。如果两本杂志用了同一条新闻做封面，那么感兴趣的买主就会平分两部分，一部分买《时代》，而另一部分买《新闻周刊》。而如果一家用预算做封面故事，另一家用艾滋病新药做封面故事，那么买主就会是 3：7。

这时，双方就开始积极行动。《时代》的编辑会进行如下推理：如果《新闻周刊》采用艾滋病新药做封面故事，那么，我要是采用预算问题的话，就会得到整个"预算问题市场"（即全体读者的30%）；但我要是采用艾滋病新药的话，我们两家就会平分艾滋病新药市场（即我得到全体读者的35%），所以说，"艾滋病新药"所带来的收入就会超过预算问题。如果《新闻周刊》采用预算问题，那么，我要是采用同样故事的话，我得到一半的读者；假设我采用艾滋病新药问题，就会得到70%的读者，这一次的方案会给我带来更大的收入。因此，不论对手采取什么策略，我的优势策略就是采用艾滋病新药做封面。

由此可见，在那些不存在传统策略均衡的博弈中，仍然可以根据优势策略的逻辑找出均衡。只要有一方采用优势策略，另一方就可针对这个策略采用自己的最佳策略。

在优势策略均衡中，不论其他参与人选择什么策略，这个参与人的优势策略都是他的最佳策略。显然，这一策略一定是其他参与人选择某一特定策略时该参与人的占优策略。

做优秀的策略家

我们每个人都是策略的使用者，时刻都面临着不同的行动选择，时刻都计算着应当采取何种行动。

这种选择不仅体现在选择上哪所大学、学哪门专业、从事何种工作等这样的大事上，而且也体现在买什么菜、穿什么衣服这样的小事上。

尽管我们每个人都是策略的使用者，但为什么有的人功成名就，而有的人一辈子却默默无闻呢？其答案就在于，他是蹩脚的策略使用者还是优秀的策略使用者。

优秀的策略使用者——我们称之为策略家，他们会自觉和不自觉地进行博弈思维，把博弈思维贯穿于各种竞争性的活动之中，从而在人生的很多方面都能够取得成功。

蹩脚的策略使用者往往缺乏博弈思维，他们的策略选择往往是不合理的，这导致了他们在人生中常常失意。

如果你希望成功，那么你就要运用博弈思维，成为策略家。

举个常见的例子：一名篮球前锋和队友在篮下面对峙对方的一个后卫时，形成了二打一的局面。该前锋可以选择直接投篮，也可以选择传球给队友。根据经验，传球给人的成功率更大，那么传球就是该前锋的优势策略。即某些时候它胜于其他策略，且任何时候都不会比其他策略差。

如果一个球员，无论其他球员怎么做，他的策略都会高出一筹，那么这个球员就有一个优势策略。当然如果一个球员有这么一个优势策略，他的决策就会变得非常简单，只需直接采用该策略而完全不必考虑对手的应对策略。应该说，博弈者所采用的优势策略在对方采取任何策略时，总能够显示出优势。

□田忌赛马：相继行动中的优势策略

《史记》中记载了"田忌赛马"的故事。

田忌经常与齐威王及诸公子赛马，设重金赌注。但每次田忌和齐威王赛马都会输，原因是田忌的马比齐威王的马稍逊一筹。孙膑通过观察发现，齐威王和田忌的马大致可分为上、中、下三等，于是，孙膑对田忌说："您只管下大赌注，我能让您取胜。"田忌相信并答应了他，与齐威王和诸公子用千金来赌胜。比赛即将开始，孙膑说："现在用您的下等马对付他们的上等马，用您的上等马对付他们的中等马，用您的中等马对付他们的下等马。"三场比赛过后，田忌一场落败而两场得胜，最终赢得齐威王的千金赌注。

后来，田忌把孙膑推荐给齐威王。齐威王向他请教兵法后，请他当自己的老师，孙膑的才学有了更宽广的用武之地。

同样是三匹马，由于选择的配置方法不同，结果就大不相同。田忌的马要比齐威王的马低劣，在这样的前提下，孙膑只是利用选择配置的不同就赢得了比赛。在做选择的过程中，我们应该学习"田忌赛马"中相继行动的优势策略。

每个参与者都必须展望一下他的这一步行动将会给其他人和自己以后的行动造成什么影响。也就是说，相继行动的博弈中，每一个参与者都必须预计其他参与者接下来会有什么反应，据此盘算自己的最佳招数。田忌就是通过相继行动的优势策略赢得了比赛。

东晋时，桓玄执掌朝权后，任命卢循为永嘉太守。卢循表面受令，却暗中扩展势力。刘裕平定桓玄之乱后控扼东晋朝政，任命卢循为广州刺史，卢循的姐夫徐道覆为始兴相。

410年春，卢循和徐道覆趁刘裕北伐南燕，后方空虚之机，实施北征。他们率军在始兴会合，然后分东西二路北上，进入湘州（今长沙）与江州（今江西九江西南）诸郡，一路势如破竹，声威大震。徐道覆力主东进，卢循犹豫数日才勉强同意，遂自桑落洲（今江西九江东北）进抵淮口（今江苏南京西北秦淮河口），向兵力不过数千的建康逼近。

刘裕闻讯，急忙自北线前线返京，紧锣密鼓地部署防卫行动。来到长江边，刘裕对各位将领说："贼兵如果从新亭直接挺进，那么他们的锋芒就不可阻挡，应该暂且回避一下，是胜是负也就不可推测了。如果他们回到西岸去停泊，就可以一战擒之。"

徐道覆建议从新亭进军白石，然后烧掉战船登陆，分几路进攻刘裕。卢循打算采取尽可能保险的策略，对徐道覆说："根据敌军的慌乱程度来看，他们会在几天内崩溃散乱。现在，决定胜负也就是一朝之事，一味凭侥幸在战场上投机取利，既不一定能战胜敌人，又会损兵折将，不如按兵不动。"

刘裕在城头遥望卢循的部队，最初看见他们向新亭方向移动，脸色稍变，恐怕他们发动突然袭击。后来他看见敌军船只回到蔡州停泊下来，马上命令各路军队集中，砍伐树木在石头城和秦淮河口等地全部立起栅栏。同时命人尽快整修越城，兴筑查浦、药园、廷尉三座堡垒，派兵在那里把守。结果，卢循兵临建康近两月，兵疲粮乏，被迫于七月初退到浔阳，最后兵败投水自尽。

通过上面的例子我们可以看出，在这场相继行动的战役中，卢循之所以失败，是因为他受到了对方状态的影响，而一鼓作气，渡过长江，才是他的最优策略。作为进攻的一方，无论对方是已经调集了人马还是没有调来人马，他的策略都应该保证自己的锐气不被挫伤，并且制造最大的压力。

从上面这个例子中我们可以归纳出一个指导相继行动时的博弈法则：假如我们有一个优势策略，就照办，不要考虑对手会怎么做。假如我们没有一个优势策略，但对手有，那么就假定他会采用这个优势策略，相应地选择我们自己最好的做法。

在已经确立了同时行动的优势策略的前提下，如果运用了相

当没有优势策略时随机而变

在博弈中，并不是所有的博弈者都有优势策略，哪怕这个博弈只有一个参与者。优势与其说是一种规律，不如说是一种例外。

继行动的博弈，在采用优势策略的时候就必须小心。因为策略互动的本质已经改变，优势策略的概念已完全不同。假如我们有一个优势策略，无论对手选择怎么做，我们按照这个策略做都行。

如果我们选择相继行动，而对手先行，我们就应该选择自己的优势策略。这是我们对对手每一个行动的最佳对策，也是对他选择的特定行动的最佳对策。但是，如果我们先行，我们就不会知道手将会采取什么行动。而他会观察我们的选择，同时做出自己的决定，所以说他的选择将会受到你的选择的影响。在一些情况下，如果采用优势策略以外的策略，我们将会更有效地施加这种影响。

第四章

酒吧博弈：
做一条反向游泳的鱼

JIU BA BO YI:
ZUO YI TIAO
FAN XIANG
YOU YONG DE YU

□与大多数人作出相反的决策

假设一个小镇上总共有 100 人喜欢泡酒吧，每个周末均要去酒吧活动或是待在家里。这个小镇上只有一间酒吧，能容纳 60 人。并不是说超过 60 人就禁止入内，而是因为设计接待人数为 60 人，只有 60 人时酒吧的服务最好，气氛最融洽，最能让人感到舒适。第一次，100 人中的大多数去了这间酒吧，导致酒吧爆满，他们没有享受到应有的乐趣。多数人抱怨还不如不去；于是第二次，人们根据上一次的经验认为，人多得受不了，决定不去了。结果呢？因为多数人决定不去，所以这次去的人很少，他们享受了一次高质量的服务。没去的人知道后又后悔了：这次应该去呀。

问题是，小镇上的人应该如何作出去还是不去的选择呢？

镇民的选择有如下前提条件的限制：每一个参与者面临的信息只是以前去酒吧的人数。因此只能根据以前的历史数据归纳出此次行动的策略，没有其他的信息可以参考，他们之间也没有信息交流。

在这个博弈过程中，每个参与者都面临着一个同样的困惑，即如果多数人预测去酒吧的人数超过 60，而决定不去，那么酒吧的人数反而会很少，这时候作出的预测就错了。反过来，如果多数人预测去的人数少于 60，因而去了酒吧，那么去的人会很多，超过了 60，此时他们的预测也错了。也就是说，一个人要作出正

确的预测，必须知道其他人作出何种预测。但是在这个问题中每
个人的预测所根据的信息来源是一样的，即过去的历史，而并不
知道别人当下如何作出预测。

这就是著名的"酒吧博弈"。酒吧博弈的核心思想在于，如
果我们在博弈中能够知晓他人的选择，然后作出与其他大多数人

脱颖而出的博弈策略：走哪条路才不堵车

知己知彼，
百战不殆！

XX龙关企业

中外众多功成名就的企业家和众多
长盛不衰的企业，都是极为善于运用"知
己知彼，百战不殆"这一谋略的典范。

从商业经营管理的角度来说，所谓"己"，主要是指经营者自身的各
种因素，"彼"特指已有的客户和目标消费者。

顾客就是上帝。

消费者就是我们的衣食父
母、是上帝，应当细致深入地
去分析研究、透彻了解、准确
把握他们的各种情况，真正做
到知己知彼，全盘把握，心中
有数。

具体的办法有许多，不同的商家有不同的运作手法。其中最为普遍、
最为有效的方法之一，就是认真细致地做好市场调研工作，掌握消费者
的第一手资料，将其作为经营决策的依据。

相反的选择，我们就能在博弈中取胜。生活中有很多例子与这个模型的道理是相通的。"股票买卖""交通拥挤"以及"足球博彩"等问题都是这个模型的延伸。

我国古人虽然没有明确提出酒吧博弈一类的名词，但其原理远在战国时期就被商人白圭很好地运用了。

战国初，魏文侯任用李悝为相国，厉行改革，加强统治。他实行保护农民利益和发展农业的"平籴"法。所谓"平籴"，就是国家在丰收年用平价买进粮食，到荒年时以平价卖出，使粮价保持稳定。这样，就促进了封建政治和经济的发展，使魏国成为战国初期的强国之一。

李悝的经济改革，尤其是所实行的"平籴"法，使一个名叫白圭的商人受到启发。经过反复的思考，他想出了一种适应时节变化的经商致富办法，这就是"反向行之"。

这个办法说起来也很简单，找出大家都在做的事，然后做与他们相反的事。

按照这个办法，在丰收季节，农民收的粮食很多，大家都不要，价钱也就便宜下来，他就大量买入粮食。这时，粮价虽然很低，但蚕丝、漆等因不是收丝或割漆的季节，没有大量上市，价钱自然很高，他赶紧把这些货物卖出去。到了收丝时节，蚕丝大量上市，价钱贱下来，而粮价却高了起来。这时，他就收进蚕丝，卖出粮食。就在这买进卖出之间，牟利致富。

商人白圭能够牟利致富，从某种程度上说是他不自觉地运用了酒吧博弈理论，采取与众人相反的博弈策略。不要人云亦云、亦步亦趋地追随别人的脚步，而应该有自己的主见，在激烈的市场竞争中，任何经营管理者必须打破惯性思维，不能做经验的奴隶。

□热门专业难就业，冷门专业炙手可热

经过短短几年的迅猛扩招后，法学专业终于"积劳成疾"，已经连续两三年在一类学科中就业率垫底，作为法学专业的学生（无论是本科生还是研究生）都面临着巨大的挑战和压力。法学专业热招生冷就业的话题也就成为人们讨论的热点，而2006年关于取消本科法学专业设置的说法更是一石激起千层浪。法学专业为何由香饽饽变成烫手的山芋了呢？

高娣是某校法学院2004级法学专业的学生，全班48个人有一半以上选择考研和考公务员。她无奈地说："按我们的说法，法学本科毕业是死刑，研究生毕业是死缓。"当初她入校时，法学是热门专业，录取分数是全校最高的，谁知当初入校时的热门，如今却成了就业的冷门。

一些过去"默默无闻"的冷门专业却开始成为就业市场上的"香饽饽"，受到用人单位的追捧。黄山是贵州大学农学院2004级烟草专门化专业的学生，虽然离毕业还有大半年时间，但他手上已经有了三个就业意向，"全国只有贵州大学等三所大学开设这个专业，所以每年都有相关单位直接到学院来要人。"黄山所在班级共有38人，都已经有了就业意向。"我是后来被调剂到这个专业的，没想到工作反而更好找，现在是我们挑单位，因此大家都不急着签约。"

在高校改革的几年里，招生人数的增加、各高等院校法学专业的开设促成了法学专业的不断壮大。在这样的大潮下，形成了较为有代表性的培养法学专业人才的几股力量：一类是传统名校，这些院校的扩招使得更多学子投身到法学专业中；另一类是一些新开设法学专业的院校，其中许多工科院校法学专业的开设很具代表性。这些院校大多顺应发展"综合性大学"的潮流而纷纷开设文科专业，而首选便是较具有实用性、报考热门的法学专业。伴随着高校法学专业的不断壮大以及社会对于国家法治建设需求的舆论导向，法学专业在广大考生心目中成了需求广大、发展前

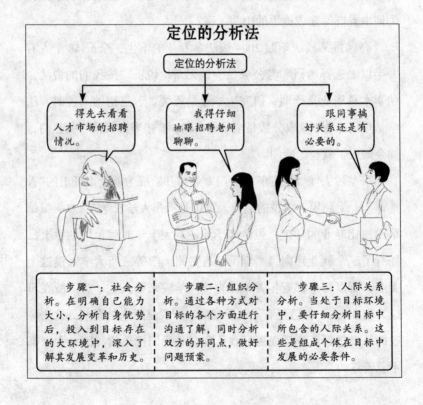

定位的分析法

定位的分析法

得先去看看人才市场的招聘情况。

我得仔细地跟招聘老师聊聊。

跟同事搞好关系还是有必要的。

步骤一：社会分析。在明确自己能力大小，分析自身优势后，投入到目标存在的大环境中，深入了解其发展变革和历史。

步骤二：组织分析。通过各种方式对目标的各个方面进行沟通了解，同时分析双方的异同点，做好问题预案。

步骤三：人际关系分析。当处于目标环境中，要仔细分析目标中所包含的人际关系。这些是组成个体在目标中发展的必要条件。

景良好的热门专业，因此许多考生为了选择这样一个好专业而纷纷报考这些工科院校法学专业。

很多人就是冲着法学的名气去学的，却没有想到法学后来成为最难就业的专业。选择专业应该选择自己的优势而不是从众。即使你才华横溢、学富五车，也总得找一个适合发挥自己优势的舞台，把人力资本转化为现实的价值。方向定错了，则距离目标会越来越远，还要重新走回头路，付出较大的代价。因此，定位的决策，绝不能犯"方向性错误"。

一般情况下，定位的方向由专业确定。但现实的情况是，很多人毕业后并不能完全按照自己所学的专业来选择工作，有的甚至与原专业风马牛不相及。学非所用、用非所学、专业不对口的情况比比皆是，已不足为怪。在这种情况下，就需要认真考虑，选择适合自己的职业。有时为了就业，甚至要强制自己去从事并不喜欢的岗位，只要这种职业是社会紧缺的、急需的或有发展前景的。

接下来，最重要的是明确自身优势。首先，明确自己的能力大小，给自己打打分，看看自己的优势和劣势，这就需要进行自我分析。

分析自己，旨在深入了解自身，根据过去的经验选择推断未来可能的工作方向与机会，从而彻底解决"我能干什么"的问题。只有从自身实际出发，顺应社会潮流，有的放矢，才能取得成功。定位，就是给自己亮出一个独特的招牌，让自己的才华更好地为招聘单位所赏识。对自己的认识分析一定要全面、客观、深刻，绝不回避缺点和短处。你的优势，即你所拥有的能力与潜力所在。

其次，要发现自己的不足。如性格的弱点、经验与经历中的欠缺，认真对待，善于发现，并努力克服和提高。

再次，要对定位的方向做出分析。

最后，做出明确的方向选择。

通过以上自我分析认识，我们要明确自己该选择什么定位方向，即解决"我选择干什么"的问题，这是定位的核心。定位的方向直接决定着一个人的发展，定位方向的选择应按照定位的四项基本原则，结合自身实际来确定，即择己所爱、择己所长、择己所需、择己所利的原则，选择合适自己、有发展前景的职业。

从事一项喜爱的工作本身就能带给你一种满足感，你的职业生涯也将因此变得妙趣横生，并在不久的将来有所成就。相反，一个人如果不知道自己想干什么，则什么也干不好。不但自己痛苦，对社会也是一种浪费和损失。这就要求我们有清醒的头脑，避免从众心理，不一味追求知名企业、高薪和大城市。

"尺有所短，寸有所长。"也许你兴趣广泛可以掌握多种技能，所有的技能中总有你的短处，也必有你的强项。宇航员杨利伟，导演张艺谋，央视著名主持人白岩松、水均益，球星姚明等人所从事的职业，可以说是众多年轻人所向往的，但从事这些职业所必备的能力决定了不是只要有兴趣就能干好的。有些人善于做业务，有些人更适合做管理。在设计自己的职业生涯时，要注意选择最有利于发挥自己优势的职业，即择己所长。

社会需求在不断变化，旧的需求不断消失，同时新的需求不断产生。昨天的抢手货今天会变得无人问津，生活处于不断地变化之中，职业的选择应顺应就业的变化。在进行定位时，还要分析社会需求，择世之所需，否则，就会陷入不断更换工作的旋涡中，苦不堪言，自食苦果。

社会需求的不断变化要求我们要不断地对人力资本进行投资。如果没有及时更新自己的知识，就会造成知识折旧。所以，我们要主动摈弃各种错误的观念，以防被错误思维误导。要不断开拓进取，不断开发新技能。

此外，职业是个人的谋生手段，其目的在于追求个人和家庭幸福。在谋取个人福利的同时，也创造了社会财富，为社会做出了贡献。在现实世界里，人需要生存工作上就必须要有合理的待遇。人都生活在现实世界，需要生存，因此做的工作必须要有合理的待遇，还要考虑到家庭的需要。谋求职业的第一动机就是使个人生活得更幸福，利益倾向支配着你的选择。

在把握定位的方向时，应有一个良好的心态，要明确自己只是普通的沙砾，而不是价值连城的珍珠。要盘点自己现有的职业含金量，找准可持续发展的职业通道，适时考虑职业发展的变通性。

□不要做盲目从众的羊

在1848年的美国，专业的马戏团小丑丹·赖斯，在为扎卡里·泰勒竞选宣传时，使用了乐队花车的音乐来吸引民众的注意。此举为泰勒的宣传取得了成功，越来越多的政客为求利益而投向了泰勒。到 1900 年，威廉·詹宁斯·布莱恩参加美国总统选举时，乐队花车已成为竞选不可或缺的一部分。由此学界产生了一个术语：从众效应，又称为"乐队花车效应"。

"从众效应"同样在平民中得到应验：在总统竞选时，参加游行的人们只要跳上了搭载乐队的花车，就能够轻松地享受游行中的音乐，又不用走路，因此，跳上花车就代表了"进入主流"。于是，越来越多的人跳上花车。这种效应在资本市场被称为"热钱羊群效应"，指的是一种典型的"套利投机性质"的"异常情况"：受从众效应影响，当购买一件商品的人数增加，人们对它的偏爱也会增加。这种关系会影响供求理论所解释的现象，因为供求理论假设消费者只会按照价格和自己的个人偏好来买东西。比如在股票市场中，如果某一只股票有很多人买，那么买的人就会越来越多。所以在证券交易市场中，从众效应可以使一只股票短时间内提升至一个不合理的水平。而这些在短期内推动股票大幅上涨的资本，就是投机性短期资本，即热钱。

热钱，又称游资或投机性短期资本，是一种为追求最高报酬与最低风险而在国际金融市场上迅速流动的短期投机性资金。国际短期资金的投机性移动主要是逃避政治风险，追求汇率变动，重要商品价格变动或国际有价证券价格变动的利益，而热钱即为追求汇率变动利益的投机性行为。当投机者预期某种通货的价格将下跌时，便出售该通货的远期外汇，以期在将来期满之后，可以较低的即期外汇买进而赚取此一汇兑差价的利益。由于此纯属买空卖空的投机行为，故与套汇不同。在外汇市场上，由于此种

你的第一本博弈论 用博弈论解决工作和生活的难题

投机性资金常自有贬值倾向货币转换成有升值倾向的货币，增加了外汇市场的不稳定性，因此，只要预期的心理存在，唯有让升值的货币大幅波动或实行外汇管制，才能阻止这种投机性资金的流动。

热钱的可怕之处在于巨大的不确定性，热钱来无影去无踪，热钱的掌门人更是若隐若现、神出鬼没。无法确定它的规模和流进、流出的时间，因此也无法预先估量它所带来的冲击。热钱代表着一种弱肉强食的生活方式。为了保住我们的财富，避免金融震荡，要始终对热钱保持高度警惕，还要截断热钱流入的渠道。

2009 年以来，包括"金砖四国"在内的新兴市场股票出现大幅上涨。俄罗斯莫斯科时报指数自年初以来累计涨幅已高达135%，在彭博社跟踪监测的全球 89 个股票市场中涨幅第一；从3 月到 10 月，200 多亿美元外资涌入巴西股市，将圣保罗股市的博维斯帕指数推高至 67239 点，比年初上升了 79%；而印度和中国股市目前累计涨幅也均超过了 75%。而与之形成鲜明对比的是，覆盖 20 多个发达市场的 MSCI 世界指数自年初以来仅涨了约25%，美股涨幅不到 14%。

此外，在彭博社跟踪的 10 种货币中，有 8 种货币出现大幅升值，其中，涨幅靠前的依次为：印度尼西亚盾、韩元、印度卢比。热钱的流入将造成一国资本项目顺差、外汇储备激增、本币大幅升值、流动性过剩以及资产市场行情火爆，而热钱流出则造成一国资本外逃（资本项目逆差）、外汇储备骤降、本币大幅贬值、流动性紧缩以及资产价格泡沫破灭等大难题。最令人不安的是热

热钱流入的四大渠道

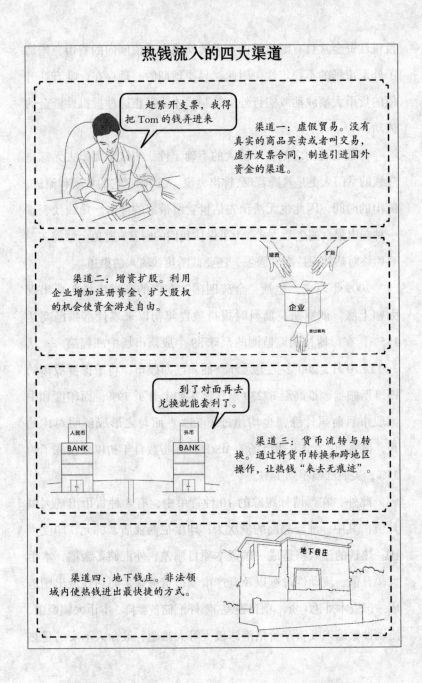

赶紧开支票，我得把 Tom 的钱弄进来

渠道一：虚假贸易。没有真实的商品买卖或者叫交易，虚开发票合同，制造引进国外资金的渠道。

渠道二：增资扩股。利用企业增加注册资金、扩大股权的机会使资金游走自由。

增资　扩股

企业

易出套利

到了对面再去兑换就能套利了。

人民币 BANK　外币 BANK

渠道三：货币流转与转换。通过将货币转换和跨地区操作，让热钱"来去无痕迹"。

地下钱庄

渠道四：地下钱庄。非法领域内使热钱进出最快捷的方式。

钱流动方向的突然逆转，通常会成为新兴市场国家金融危机的导火索。

近年来，人民币持续、渐进升值一定程度上导致了"一边倒"的市场预期，在国内外升值舆论的鼓噪下，"热钱"持续通过各种途径进入国内。尤其是外汇转换成人民币资金可以获取高于9%的汇兑收益和息差收入，丰厚的资金转换所得大大刺激境外热钱大量流入。

过多热钱进入中国会加大市场的流动性，造成流动性过剩，而货币供给越多，中国面临的通胀压力就越大。此外，热钱还加大了人民币的升值压力。而投机资金进入股市、楼市后，容易制造泡沫。

而热钱还会给那些散户造成严重伤害。追风热钱的分散投资者就如同羊群。羊群是一种很散乱的组织，平时在一起也是盲目地左冲右撞，但一旦有一只头羊动起来，其他的羊也会不假思索地一哄而上，全然不顾旁边伺猎的狼和不远处更好的草。动物如此，人也不见得更高明。热钱就在人们的这种盲目跟风的心理下大肆嚣张。在热钱的推动下，越来越多的人义无反顾地往前冲。一朝泡沫破灭，人们才发现在狂热的市场气氛下，获利的只是领头羊，其余跟风的都成了牺牲者。而有时，领头羊也会成为猎物，资本大鳄索罗斯也栽过跟头。所以，在博弈时，最好不要盲目跟风，同时保持对风险的警惕。

□长尾理论，站在少数者一边

Rhapsody 是一个记录音乐商，他将每个月的统计数据记录下来，并绘成图，结果发现该公司和其他任何唱片店一样，都有相同的符合"幂指数"形式的需求曲线——一条由左上陡降至右下的倾斜曲线。左边的短头部分，表示人们对排行榜前列的曲目有巨大的需求；右边的长尾部分，表示的是不太流行的曲目。短头代表传统的大规模生产；长尾代表新兴的小批量定制。最有趣的事情是深入挖掘排名在 4 万名以后的歌曲，而这个数字正是普通唱片店的流动库存量（最终会被销售出去的唱片的数量）。

Rhapsody 同时发现，尽管沃尔玛的那些排名 4000 名以后的唱片的销量几乎为零，但在网上，这部分需求源源不断。不仅位于排行榜前 10 万的每个曲目每个月都至少会点播一次，而且前 20 万、30 万、40 万的曲子也是这样。只要 Rhapsody 在它的歌曲库中增加曲了，就会有听众点播这些新歌曲，尽管每个月只有少数几个人点播它们，而且还分布在世界上不同的国家。

但因为在网络世界经营 40 万首曲子的成本，与经营 4 万首曲子的成本相差无几，所以把得自 4 万首曲子以外的利润加起来，就会赢一个世界。

这就是一时风靡全球的长尾理论。长尾理论是由美国人克里斯·安德森提出的。长尾理论认为，由于成本和效率的因素，过去人们只关注重要的人或重要的事，如果用正态分布曲线来描绘这些人或事，人们只关注曲线的"头部"，而将处于曲线"尾部"

需要更多的精力和成本才能关注到的大多数人或事忽略。例如，某著名网站是世界上最大的网络广告商，它没有一个大客户，收入完全来自被其他广告商忽略的中小企业。安德森认为，网络时代是关注"长尾"、发挥"长尾"效益的时代。

　　简单地说，所谓长尾理论是指，当商品存储流通展示的场地、

聪明的求职者

　　聪明人之所以聪明，就在于其与众不同。仔细想想，他们解决问题的方法其实相当简单，可在谜底揭开之前，却很少有人能想到。

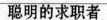
我和前一个情况一样……

职场中千万不能做大家都在做的事。不少求职者之所以在职场上屡战屡败，原因就在于，他们总是和大家讲一样的话，做一样的事。

有人说跟着大家走不易犯错误，可对于"求职"这样一件只要"个别"，不要"大家"的事来说，它所导致的后果却恰恰相反。如果你选择了和"大家"一样，你就只能是失败的"大家"中的一分子，而不是那个成功的"个别"。

成功的秘诀在于与众不同……

求职就是这么简单，不做大家都在做的事，你才能成功做好每一件事。

渠道足够宽广，商品生产成本急剧下降以至于数人进行生产，并且商品的销售成本急剧降低时，一些需求极低的产品，只要有人卖，就会有人买，我们只要抓住了这个长尾，便可以将自己的成功最大化。

从长尾理论里面我们也可以看到酒吧博弈的影子，也即在大多数人都忽略那个长尾的时候，我们做少数者，把它拾起来，就会取胜。

在经济领域存在着一个经验法则，即二八法则，一直备受人们的推崇，即关注 20% 的关键少数便可以带来 80% 的成功。在网络经济时代，很多人依然秉持这个法则，仅仅关注那些 20%，而对那个长长的尾巴视而不见。殊不知，交易成本和维持成本的降低使这个尾巴的价值越来越高，而且这条长长的尾巴是可以有效开发的；不那么热销的东西积少成多，会产生非常高的价值，也会占据很高的市场份额。交易的费用不断降低，使"做买卖"的门槛不断降低，于是，供给会呈现越来越明显的多样性，只要你稍微花点时间，任何个性化的需求都可能找到供给。所以，如果我们能够把这个长长的尾巴捡起来，无疑就成了酒吧博弈中那些与众不同的少数者，当然也就能够在博弈中取胜。

但是这里需要指出的是，长尾理论与二八法则，二者本质上并不矛盾，因为在当前的经济条件下，长尾的适用范围主要集中互联网和数字化经济，长尾理论的经典案例，无论是 Google 还是亚马孙，其产品都有一个共同的特点，就是初始固定投入商，边际成本锐减，比如，虽然 3G 网络的建设固定投入巨大，但每新增一个用户的成本，并不需要新的基础、设施投入，并且可以平摊原有的投资成本，用户越多，成本相对越低。

但与网络产品相对应的实体经济则做不到，例如，沃尔玛必须将同一 CD 卖到 10 万张才能平摊管理费用获取利润，具有这样销量的 CD 连 1% 都不到。那么想购买韦恩喷泉乐队（Fountains of Wayne）、水晶方式（Crystal Method）最新专辑或其他非主流音乐的 6 万多消费者又该怎么办呢？他们只能去别的地方买；或放弃寻找，只消费和大众一模一样的东西。

阿里巴巴是一个成功的"长尾"公司。它从不被其他商家关注的中小企业、小商小贩的那群占 80% 的办不起网站的长尾入手，将网下的集市贸易搬到了网上，用较低的门槛即一年 2300 元的会员费吸引小商小贩上网开展网上贸易，这些处于长尾的小商小贩通过阿里巴巴寻找到了更多的贸易机会与财富，长尾聚集在一起也成就了阿里巴巴。

□跳出"红海"，与"蓝海"同行

"蓝海"是针对"红海"提出的。在当今的全球化经济中，竞争日趋白热化，各种竞争手段层出不穷，削价"战争"屡见不鲜。众多企业都全神贯注于你死我活的"白刃战"，稍有懈怠，就会渲染出一片红海。若想在竞争中取得胜利，唯一的办法就是打败对手吗？其实不然。在"红海"中，一些成功的企业会打破并且开拓现有的产业边界，创造出尚未开发的市场空间，于是形成一片无人竞争的"蓝海"。尽管"蓝海"一词听上去非常新鲜，但事实上这片海洋并不遥远，而且就在我们身边。

想一想汽车、航空、石化、管理咨询等行业，在 100 年前闻所未闻；现在的许多大型企业，在 30 年前却是不起眼的；再比如手机、生物科技、邮件快递、家庭影院等，几十年前同样是无法想象的。

近几年，"无聊经济"在中国的出现，也是蓝海战略的生动体现。

常听人说，好无聊啊。譬如，打电话等待对方接听的时候，无聊；等电梯上楼，无聊；等公交车，无聊；在电脑前处理完公务，打算休息一下，无聊……可是又没什么事好做。这时，那些聪明的商人来了，给我们带来一些用来打发这些无聊时间的东西：你打电话，就听彩铃；你等电梯，就看分众传媒装在电梯口墙壁上的液晶电视广告；你等公交车，就用手机给朋友发几条短信幽默一下；你办完公务打算休息一下，你就玩一会儿盛大网络的《传奇》游戏……结果，你轻松地打发了无聊时间，那些商人们也把你的无聊时间换成了金钱。好一个"无聊经济"！

有句话是这样说的："假如所有的人都向同一个方向行走，这个世界必将覆灭。"因此，当很多人在红海中杀得你死我活的时候，拥有酒吧博弈智慧的人却总是能够发现别人忽略或是根本不知道的机会空间，并且善于利用和开拓。他们独辟蹊径，从小路杀到大路上，最终开辟出一片无人竞争的蓝海。由于少了竞争和阻力，他们往往能比别人更有优势，因此也更领先一步。运用酒吧博弈，甩开"红海"，于"蓝海"中畅游，既可远离红海的激烈竞争，又能赢取更大的成功，不失为全球化经济时代的一条博弈良策。

在偏远的山区，有两个青年一同开山，一个人把开采出的石块砸成小石子运到路边，卖给建房的人；一个人则直接把开采出的大石块运到码头，卖给花鸟商人。因为这儿的石头奇形怪状，十分好看，他认为卖重量不如卖造型。两年后，他成为村里第一个盖起瓦房的人。

后来，政府不许开山，只许种树，这儿又变成了果园。等到秋天，因为这儿的梨汁浓肉脆、味美可口，漫山遍野的鸭梨招来八方商客，村里人把堆积如山的鸭梨成筐成筐地运往城市出售，有些还发往国外。就在他们为鸭梨的丰收所带来的小康生活而欢呼雀跃时，曾经卖大石块的那个果农却砍掉果树，开始种柳。因为他发现，来这儿的客商不愁买不到好梨，只愁买不到盛梨的筐子。四年后，他成为村里第一个在城里买房的人。

再后来，一条铁路从这儿贯穿南北，这儿的人上车后，可以北到北京，南抵广州。小村对外开放，果农也由单一的卖果开始进行果品的加工及市场开发。就在一些人集资办厂的时候，这个村民在他的地头砌了一堵两米高、百米长的墙。这堵墙面向铁路，背依翠柳，两旁是一望无际的梨园。坐火车经过这儿的人，在欣赏盛开的梨花时，会看到四个大字——"百事可乐"。

据说这是五百里山川中唯一可以看到的广告。那墙的主人凭着这面墙，第一个走出了小村，因为他每年有 6 万元的额外收入。

20 世纪 90 年代，日本丰田公司亚洲代表山田信一来华考察。当他坐火车路过这个小山村听到这个故事时，他被主人公罕见的商业思路所震惊，当即决定下车寻找这个人。当山田信一找到这个人的时候，他正在自己的店门口跟对门的店主吵架，因为当他店里的一件货物标价 100 元时，对门同样的货物就标价 90 元；他标价 90 元时，对门就标价 80 元。1 个月下来，他仅仅卖出 1000 元的货物，而对门却卖出了 1 万元的货物。山田信一看到这种情形，以为被讲故事的人骗了。但当山田信一弄清楚事情的真相后，立即决定以百万年薪聘请他，因为对门那个店，也是他开的。

　　这个年轻人因时局的变化，而不断地调整经营思路，转变努力的方向，不做多数派，只做少数派。由此证明，采取少数派博弈策略，依据市场变化而变化的企业更容易获得成功。

第五章

枪手博弈：
能人跌倒在自己的优势上

□神枪手常常出局

有三个快枪手，他们之间的仇恨到了不可调和的地步。一天，他们三人在街上不期而遇，每个人的手中都握着一把枪，气氛紧张到了极点。每个人都知道，一场生死决斗即将展开，三个枪手对彼此间的实力都了如指掌，枪手甲枪法精准，十发八中；枪手

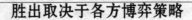

胜出取决于各方博弈策略

在多人博弈中常常由于复杂关系的存在，而导致出人意料的结局。

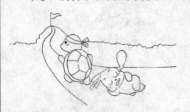

赛跑时不一定快的赢，打架也不一定弱的输。

前门进狼，后门进虎的危险性，比只有狼和虎的时候要小一些，因为狼和虎可能咬起来。

一位参与者能否最后胜出，不仅仅取决于其实力，更取决于实力对比关系以及各方博弈的策略。

优势策略，就是每一个参与人，都必须设想一下如果自己处在对手的位置，我们会做出什么反应，从而预计自己的最优策略。

乙枪法平平，十发六中；枪手丙枪法拙劣，十发四中。

现在我们来假设一下，如果三人同时拔枪，谁活下来的机会大一些？假如你认为是枪手甲，结果可能会让你大吃一惊：最可能活下来的是丙——那个枪法拙劣的家伙。

假如这三个人彼此痛恨，都不可能达成协议，那么作为枪手甲，他一定要对枪手乙拔枪。这是他的最佳策略，因为此人威胁最大。这样他的第一枪不可能瞄准丙。同样，枪手乙也会把甲作为第一目标，很明显，一旦把甲干掉，下一轮（如果还有下一轮的话）和丙对决，他的胜算较大。相反，如果他先射击丙，即使活到了下一轮，与甲对决也是凶多吉少。而丙呢？他此时便完全具有后发制人的优势。等到双方的枪战结束，结果无外乎两种，两死或一死一伤。如果两死对丙当然是最好的结局，但如果是一死一伤，丙也完全可以利用后动优势置对方于死地。

于是第一阵乱枪过后，经过概率的计算，甲能活下来的机会少得可怜（不到10%），乙是20%，而丙是100%。

□输在自己的优势上

三个旅行者早上出门时，一个旅行者带了一把伞，另一个旅行者拿了一根拐杖，第三个旅行者什么也没有拿。晚上归来，拿伞的旅行者淋得浑身是水，拿拐杖的旅行者跌得满身是伤，而第三个旅行者却安然无恙。

于是，前面的旅行者很纳闷，问第三个旅行者："你怎会没有事呢？"第三个旅行者没有回答，而是问拿伞的旅行者："你为什么会淋湿而没有摔伤呢？"拿伞的旅行者说："当大雨来到的时候，我因为有了伞，就大胆地在雨中走，却不知怎么淋湿了；当我走在泥泞坎坷的路上时，我因为没有拐杖，所以走得非常仔细，专拣平稳的地方走，所以没有摔伤。"然后，他又问拿拐杖的旅行者："你为什么会摔伤而没有淋湿呢？"拿拐杖的说："当大雨来临的时候，我因为没有带雨伞，便找能躲雨的地方走，所以没有淋湿；当我走在泥泞坎坷的路上时，我便用拐杖拄着走，却不知为什么常常跌跤。"

第三个旅行者听后笑笑说："这就是为什么你们拿伞的淋湿了，拿拐杖的跌伤了，而我却安然无恙的原因。当大雨来时我躲着走，当路不好时我细心地走，所以我没有淋湿也没有跌伤。你们的失误就在于你们有了可凭借的优势，有了优势却少了忧患。"

我们总是盯着自己的缺点和不足不放，生怕自己会暴露缺点。然而，许多时候，我们不是败在缺点或者短处上，而是败在自己的优势上。优势有时也会成为我们前进路上的绊脚石。

从前，猴子和卖艺人打赌，谁先从东山走到花果山，花果山上那个吃了可以长生不老的蟠桃就属于谁。另外，猴子提出，输的那一方还要终生成为对方的奴隶。卖艺人想也没想，便同意了猴子提出的条件。

第二天，猴子和卖艺人同时从东山出发。一路上，猴子为了向卖艺人炫耀自己的本领，一会儿从这棵树上跳到那棵树上，一会儿又在地上不停地翻着跟斗。

卖艺人见了，羡慕地说："尊敬的猴子，你太伟大了，我崇拜你。你的爬树本领、跳跃技艺真叫人佩服啊，这次我肯定输给你了。"诸如这样的话，卖艺人一连对猴子说了十九天。猴子每次听了卖艺人的夸奖后，总是得意至极地想："你这个笨蛋，既不会爬树，又不会翻跟斗，怎么会走得比我快呢？要知道，翻山越岭可是我的强项啊，你就等着做我的奴隶吧！"

第二十天，当猴子又施展绝技，从这棵树跳到那棵树上时，却没听到卖艺人在树下称赞它，便想：卖艺人可能是害怕了，他知道比不过自己，只好逃走了吧。于是，猴子一个跟斗一下子翻到了花果山。当它站直身子时，才发现卖艺人已先到了，正拿着那个蟠桃在美滋滋地品尝呢！

"这怎么可能？你既不会爬树，又不会翻跟斗，怎么可能比我先到呢？"猴子不解地问。"正因为我既不会爬树，又不会翻跟斗，所以在你把时间花在表演这些绝技的时候，我已经在赶路了。"卖艺人说完，敲了一下手中的铜锣，说："从现在开始，你就是我的奴隶了。走，跟我卖艺去！"

□置身事外的艺术

《史记·苏秦张仪列传》中有个"坐山观虎斗"的故事，恰好可以作为例子。

卞庄子发现两只老虎，准备刺杀。身旁的店小二劝阻他说："您看两只老虎，正在吃同一头牛，一定会因为肉味甘美而互相搏斗起来。两虎相斗，大者必伤，小者必死。到那时候，您跟在受伤老虎的后面刺杀它，就能一举得到刺杀两只老虎的美名。"卞庄子觉得店小二说得很有道理，便站立在一旁。

过了一会儿，两只老虎果然为了争肉，撕咬扭打起来，小虎被咬死，大虎也受了伤。卞庄子挥剑跟在受伤老虎的后面刺杀它，果然不费吹灰之力，就刺死它，一举获得两虎。

卞庄子用的策略就是"坐山观虎斗"，最终获得了自己所希望的结果。如果面对不止一个对手的时候，切不可操之过急，免得反而促成他们联手对付你，这时最正确的方法是静止不动，等待适当时机再出击。《清稗类钞》中记载的一个故事，可以说是一个绝妙的例子。

清朝末年，湖广总督张之洞与湖北巡抚谭继洵关系不太融洽，遇事多有龃龉。

有一天，张之洞和谭继洵等人在长江边上的黄鹤楼举行公宴，当地大小官员都在座。其中有人谈到了江面宽窄问题，谭继洵说是五里三分，曾经在某本书中亲眼见过。张之洞沉思了一会儿，故意说是七里三分，自己也曾经在另外一本书中见过这种记载。

督抚二人相持不下，在场僚属难置一词。于是双方借着酒劲儿争论不休，谁也不肯丢自己的面子。于是张之洞就派了一名随从，快马前往当地的江夏县衙召县令来断定裁决。当时江夏的知县是陈树屏，听来人说明情况，急忙整理衣冠飞驰前往黄鹤楼。他到了以后刚刚进门，还没来得及开口，张、谭二人同声问道："你管理江夏县事，汉水在你的管辖境内，知道江面是七里三分，还是五里三分？"

陈树屏知道他们这是借题发挥，对两个人这样搅闹十分不满，但是又怕扫了众人的兴；再说，这两个人谁都得罪不起。他灵机一动，从容不迫地拱拱手，言语平和地说："江面水涨就宽到七里三分，而水落时便是五里三分。张制军是指水涨而言，而中丞大人是指水落而言。两位大人都没有说错，这有何可怀疑的呢？"

张、谭二人本来就是信口胡说，听了陈树屏这个有趣的圆场，拊掌大笑，一场僵局就此化解。

由此可见，即使是枪手博弈，在枪弹横飞之前甚至之中，也仍然会出现某种回旋空间。这时候，对于尚未加入战团的一方来说是相当有利的。因为当另外两方相争时，第三者越是保持自己的含糊态度，保持一种对另外两方的威胁态势，其地位越是重要。当他处于这种可能介入但是尚未介入的状态时，更能保证其优势地位和有利结果。

这就启示我们，人在很多时候都需要一种置身事外的艺术。当两个朋友为一件小事而发生争执的时候，一个聪明人不会直接说出任何一个朋友的不是。因为这种由小事引发的争执，影响他

置身事外的优势

只要存在数目庞大的竞争对手，实力顶尖者往往会被实力稍差的竞选者反复攻击以致疲于应战，狼狈不堪，甚至败下阵来。

当渔夫逐个抓它们的时候必然费不少力气还不一定成功。可是渔夫明智地选择置身事外，静等时机，一击致命。

按兵不动只是一种博弈手段，目的是保证在冲突阶段仔细观察形势，保证自己在将来占据有利的地位。

们做出判断的因素有很多。不管对错，他们相互之间都是朋友。当面说一个人的不是，不但会极大地挫伤他的自尊心，让他在别人面前抬不起头，甚至很可能会因此失去他对你的信任；而得到支持的那个朋友虽然一时会感谢你，但是等明白过来，也会觉得你帮了倒忙，使他失去了与朋友和好的机会。

在曹操击败袁绍后，袁绍的两个儿子袁尚、袁熙投奔乌桓。为绝后患，曹操兵发乌桓。两兄弟又转投辽东太守公孙康。曹营诸将都建议曹操进军，一鼓作气拿下辽东，捉拿二袁。曹操没有听从将领们的意见，只在易县按兵不动。

过了数日，公孙康派人送来袁尚、袁熙的头颅，众人都感到惊奇。曹操将郭嘉的遗书出示给大家，他劝曹操不要急于进兵辽东，因为公孙康一直怕袁氏将其吞并，现在二袁去投奔他，必引起他的怀疑，如果曹军去征讨，他们就会联合起来对付曹军，一时难以取胜。如果曹军按兵不动，他们之间必然会互相攻杀。结果正如郭嘉所料，大家深为叹服。

□避开锋芒行事

春秋时期，在今河南省境内有两个诸侯国，一个是郑国，一个是息国。公元前712年，息国向郑国发动了战争。息国的人力与物力比郑国要少得多，军力也要弱得多，战争自然以息国的失败而告终。事后，一些有见识的人分析，息国快要灭亡了。他们的根据是，息国一不考虑自己的德行如何，二不估量自己的力量是否能取胜，三不同亲近的国家搞好关系，四不把自己向郑国进攻的道理讲清楚，五不明辨失败的罪过和责任是谁。犯了这五条错误，还要出师征伐别国，结果当然是遭到失败。果然，不久，息国被楚国灭亡。

以卵击石的成语相信大家都听说过。稍有生活常识的人都会知道鸡蛋碰石头的后果是什么。的确，与强者正面交锋的唯一结果只有惨败。

面对强者，如果你实力较弱，此时与强者正面交锋无异于自取灭亡，只有避开其锋芒行事，才有胜利的机会，这也是枪手博弈给我们在策略上的启示。在这方面，康熙为我们树立了很好的典范。

康熙亲政后，决定收回大权，取消辅政大臣的辅政权力。这一措施使鳌拜受到了极大的限制，鳌拜与康熙帝早已存在的矛盾就更趋于激化。但鳌拜在朝廷中势力很大，康熙深知不能与鳌拜正面交锋，必须智取。一旦逼反鳌拜，很可能自己皇权不保。平时，朝中大事皆由鳌拜说了算，他经常当着康熙的面呵斥大臣，而且稍不顺意，就在康熙面前大吵大闹。康熙帝知道，任其下去，早晚要闹出乱子来。当时鳌拜提出要处死苏克萨哈，康熙清楚苏克萨哈是无辜受害，于是坚不允请。鳌拜竟然扯臂上前，强奏数日，直到逼得康熙不得不让步为止。

数年来，鳌拜倚仗自己的权势培植亲信，打击异己，终于将朝廷大权操于他一人之手。他网罗亲信，广植党羽，在朝中纠集了一股欺蔑皇帝、操纵六部的势力。辅国公班布尔善处处阿附鳌拜，在朝中利用权力擅改票签，决定拟罪、免罪。他追随鳌拜，结党营私，康熙六年他密切配合鳌拜戮杀了苏克萨哈，并罗织了苏克萨哈的二十四大罪状。由于他帮助鳌拜剪除异己有功，被擢为领侍卫内大臣，拜秘书院大学士。

鳌拜一门更是显赫于世，他的弟弟穆里玛为满洲都统，康熙二年被授靖西将军，因镇压李来亨农民军有功，擢阿思哈尼哈番，威重一时。巴哈也是鳌拜的弟弟，顺治帝时任议政大臣，领侍卫内大臣，其子纳尔都娶顺治的女儿为妻，被封和硕额驸。鳌拜的儿子纳穆福官居领侍卫内大臣，班列大学士之上。其后受袭二等公爵，加太子少师。鳌拜的侄子、姑母、亲家都倚仗他得到高官厚禄，甚至跻身于议政王大臣会议。

鳌拜将自己的心腹纷纷安插在内三院和政府各部，一时间"文武各部，尽出其门下"，朝廷中形成了以鳌拜为中心的庞大势力。康熙对此深感不安，所以他冥思苦想剪除鳌拜的办法，终于想出了一条计谋。

康熙八年五月十六日，鳌拜因事入奏，康熙借此良机，利用自己训练的一批少年卫士，将他捉住，送入大狱。接着命康亲王杰书等进行审问，列出主要罪行三十款，朝廷大臣议决应将鳌拜革职、立斩；其亲子兄弟亦应斩；妻并孙为奴，家产籍没；其族人有官职及在护军者，均应革退，各鞭一百。康熙考虑到鳌拜是顾命辅臣，且有战功又效力多年，不忍加诛，最后定为革职籍没，与其子纳穆福俱予终身禁锢。后来鳌拜死在狱中，纳穆福获得释放。鳌拜死党穆里玛、塞本特、纳莫、班布尔善、阿思哈、噶褚哈、泰必图、济世等一律处死刑。曾经猖獗一时的鳌拜集团就这样被彻底铲除了。

明朝的严嵩是一个奸臣，他是被同乡夏言提拔起来的。

嘉靖中期，夏言为朝廷的重臣，而且写得一手好文章，深为皇帝所器重。

当时严嵩在翰林院任低级职务，他打听到当时担任礼部尚书的夏言与自己是江西同乡。严嵩想利用与夏言是老乡这层关系，

设法去接近他，但两人并不相识。严嵩几次前往夏府求见，都被轰了出来。

严嵩却不死心，准备了酒宴，亲自到夏言府上去邀请夏言。夏言根本没有把这个同乡放在眼里，随便找了个借口不见他。严嵩在堂前铺上垫子，跪下来一遍一遍地高声朗读自己带来的请柬。

夏言在屋里终于被感动了，以为严嵩真是对自己恭敬到这种境地，开门将严嵩扶起，慨然赴宴。宴席上，严嵩特别珍惜这次来之不易的机会，使出浑身解数取悦夏言，给夏言留下极好的印象。

从此夏言很器重严嵩，一再提拔他，使他官至礼部左侍郎，获得了可以直接为皇帝办事的机会。几年后，已任内阁首辅的夏言又推荐严嵩接任了礼部尚书，位居六卿之列。夏言甚至还向皇帝推荐他接替自己的首辅位置。

严嵩是极有心机的人，不露一点儿声色，耐心地等待时机，对夏言仍是俯首帖耳，只是在不断寻找、制造机会，以图将其一下子打倒。时机未成熟他是不会露出狐狸尾巴的。

嘉靖皇帝迷信道教。有一次他下令制作了五顶香叶冠，分赐给几位宠臣。夏言一向反对嘉靖帝的迷信活动，不肯接受。而严嵩却趁皇帝召见时把香叶冠戴上，外边还郑重地罩上轻纱。皇帝对严嵩的忠心大加赞赏，对夏言很不满。而且夏言撰写的青词也让皇帝不满意，严嵩却恰恰写得一手好青词。严嵩利用这个机会，在写青词方面大加研究，同时还迎合皇上的心意，给他引荐了好几个得道的"高人"，皇帝越来越满意严嵩而疏远夏言。

又有一次，夏言随皇帝出巡，没有按时值班，惹得皇帝大怒。皇帝曾命令到西苑值班的大臣都必须乘马车，而夏言却乘坐腰舆（一种小车）。几件事情都引得皇帝不高兴，因此皇帝对夏言越来越不满。

严嵩利用皇帝对夏言的不信任，趁机进言，将自己所搜集的夏言的罪状一一罗列出来，并且添油加醋、无中生有地哭诉了一番，皇帝终于恼怒，马上下令罢免了夏言的一切官职，由严嵩取代。

《阴符经》说："性有巧拙，可以伏藏。"它告诉我们，善于伏藏是事业成功和克敌制胜的关键。一个不懂得伏藏的人，即使能力再强，智商再高也难以战胜敌人。这里的伏藏说的就是韬光养晦的策略。

□借助他人之力让你以弱胜强

在金庸的武侠小说中，有两种非常高明的武功，一种是张无忌在光明顶学会的"乾坤大挪移"，另一种是姑苏慕容氏的"以彼之道还施彼身"。这两招看似玄之又玄，其实都是运用了借力打力的原理，是中国传统武学中太极功夫的发挥。

这种思路能够启发我们了解弱者对局强者时的生存之道。弱者与强者是矛盾的两个方面，而强者决定着矛盾的主流走向，因为这对矛盾中，强者是性质和内容的规定者。但矛盾还有一个特性，就是在一定条件下矛盾双方会发生转变，所以弱者在与强者对局中要学会以弱胜强。以弱胜强一般是借力打力，以四两拨千斤。

在双方的对局中，要善于观察形势，抓住问题的关键环节。关键环节找到了，从容发力，可以收到事半功倍的效果，付出极少的成本而获得极大的收益。

如何运用借力营销来推广自己的产品

借力营销，就是指在内部资源或条件不足的情况下，借助外部力量和资源为已所用的一种营销手段。可以理解为借助别的力量来营销自己。那么我们在网络推广中应该如何运用这种方法呢？主要有以下 3 点。

1. 借助他人品牌来推广自己。利用已有的知名品牌效应，以快速提升自身的品牌知名度和影响力。

可口可乐，为奥运加油！

2. 借助他人渠道来营销自己的产品。不管是在网络营销还是传统营销，拥有通畅的渠道都是一个非常关键的因素，但不是每个企业都有条件和能力建立自己的渠道，所以有的时候，我们可以借助别人成熟的渠道来进行推广。

3. 借别人的用户并使其转化为自身用户。对于一个企业或者网站来说，想要在短时间内获得大量的用户是比较困难的一件事，如果我们能借用别人已有的用户，岂不是美事一桩。

西汉初期，匈奴不断侵扰北方边境。刚刚做了皇帝不久的刘邦决定一劳永逸地解决匈奴问题。公元前200年，匈奴单于冒顿率军南下，刘邦亲率30万大军迎战，不想在平城白登山（今山西大同东北）中了匈奴兵的埋伏，被30万匈奴骑兵包围。当时，匈奴兵的阵势十分壮观，战阵的东面是一色的青马，西面是一色的白马，北面是一色的黑马，南面是一色的红马，气势逼人。刘邦在白登山被围了七天，救兵被阻，突围不成，又值严冬，粮断炊绝，许多士兵的手指都冻掉了，刘邦焦急万分。双方力量相差悬殊，硬拼是不可能成功的，而对手又是死敌，没有商谈的余地，真是一个板上钉钉的死局。

正在这危难之际，刘邦手下的大臣陈平想到一个妙计，他派使者求见冒顿单于的妻子阏氏，给她送去一份厚礼，其中有一张洁白的狐狸皮，并对阏氏说：如果单于继续围困，汉朝将送最美的美女给单于，那时你将失宠。同时，陈平又令人制造了一些形似美女的木偶，装上机关使其跳舞。阏氏远远望去，见许多美女舞姿婆娑，楚楚动人，担心汉朝真的送美女来，于是，她说服单于放开了一个缺口，刘邦趁机冲出重围。这就是历史上的"白登之围"。

在白登山，刘邦已身陷困境，如果匈奴一举进攻，也许汉朝的历史将被改写。此时双方实力之悬殊可见一斑，但在这样的情况下，陈平却巧妙地想到了利用女人的嫉妒来突围的妙策。刘邦突围后，汉朝逐渐成长为匈奴强大的对手。

历史上还有一个著名的借力打力之计，那就是皇太极借崇祯皇帝之手除掉袁崇焕，扫清了灭明的一大障碍。

皇太极进攻北京并散布谣言说袁崇焕投靠了后金。崇祯帝是个猜疑心极重的人，听了这些谣言，也有些怀疑起来。袁崇焕向皇上请求说，将士们长途跋涉，十分劳累，请准许入城休整，但被崇祯帝拒绝了。

正在这个时候，有一个被后金兵俘虏去的太监从后金营逃了回来，向崇祯帝告密，说袁崇焕和皇太极已经订下密约，要出卖北京。这个消息简直是个晴天霹雳，崇祯帝惊呆了。

原来，明朝有两个太监被后金军俘虏以后关在金营里。有一天晚上，一个姓杨的太监半夜醒来，听见两个看守他们的后金兵在外面轻声地谈话。

一个后金兵说："今天咱们临阵退兵，完全是汗王（指皇太极）的意思，你可知道？"

另一个说："你是怎么知道的？"

一个又说："刚才我就看到汗王一个人骑着马朝着明营走，明营里也有两个人骑马过来，跟汗王谈了好半天话才回去。听说那两人就是袁将军派来的，他已经跟汗王有密约，眼看大事就要成功……"

姓杨的太监听了这番话，找准机会偷跑出来，将此事告知崇祯帝。而这个情报却是假的，是皇太极预先设下的计谋。

崇祯帝命令袁崇焕马上进宫。袁崇焕接到命令，也不知道发生了什么事，匆忙进了宫。崇祯帝拉长了脸，责问道："袁崇焕，你为什么要擅自杀死大将毛文龙？为什么金兵到了北京，你的援兵还迟迟不来？"

袁崇焕不禁怔了一下，这些话都是从哪儿说起？他正想答辩，崇祯帝已经喝令锦衣卫把袁崇焕捆绑起来，押进大牢。

有个大臣知道袁崇焕平日忠心为国，觉得这整件事情非常蹊跷，劝崇祯帝说："这件事还请陛下慎重考虑啊！"崇祯帝说："什么慎重不慎重？慎重只会误事。"崇祯帝不听大臣的劝告，一些魏忠贤的余党又趁机诬陷。到了第二年，崇祯帝终于下令把袁崇焕杀害。

第六章

斗鸡博弈：
把握进与退的艺术

经济学家

□斗鸡博弈：强强对抗

在斗鸡场上，有两只好战的公鸡遇到一起。每只公鸡有两个行动选择：一是进攻，一是退下来。如果一方退下来，而对方没有退下来，则对方获得胜利，退下来的公鸡会很丢面子；如果自己没退下来，而对方退下来，则自己胜利，对方很没面子；如果两只公鸡都选择前进，那么会出现两败俱伤的结果；如果双方都退下来，那么它们打个平手谁也不丢面子。

		B 鸡	
		前进	后退
A 鸡	前进	(−2, −2)	(1, −1)
	后退	(−1, 1)	(−1, −1)

从这个矩阵图中可以看出，如果两者都选择"前进"，结果是两败俱伤，两者的收益均为−2；如果一方"前进"，另外一方"后退"，前进的公鸡的收益为1，赢得了面子，而后退的公鸡的收益为−1，输掉了面子，但与两者都"前进"相比，这样的损失要小；如果两者都选择"后退"，两者均不会输掉面子，获得的收益为−1。

在这个博弈中，存在着两个"纳什均衡"：一方前进，另一方后退。但关键是谁进谁退？在一个博弈中，如果存在着唯一的"纳什均衡"点，那么这个博弈就是可预测的，即这个"纳什均衡"

点就是事先知道的唯一的博弈结果。但是如果一个博弈不是只有一个"纳什均衡"点，而是两个或两个以上，那么谁都无法预测出结果。所以说，我们无法预测斗鸡博弈的结果，也就是无法知

生活中的斗鸡博弈

假设王某欠张某100元钱。这时张某是债权人，王某为债务人。张某多次催债无果，有人提出双方达成合作：张某减免王某10元钱，王某立刻还钱。

我们假设一方强硬一方妥协，则强硬一方可得到100元的收益，妥协一方收益为0。

如果双方都采取强硬的态度，就会发生暴力冲突，张某不但无法追回100元的债务，还会因受伤花费100元的医疗费，所以张某的收益为-200元。此时债务人王某的收益为-100元。

		张某	
		强硬	妥协
王某	强硬	（-100，-200）	（100，0）
	妥协	（0，100）	（10，90）

为了使收益最大化，张某和王某都会采取强硬的态度。

在这个博弈中，张某和王某都选择妥协的态度，收益分别为90元和10元，是双方理性下的最优策略。

由此可以看出，债权人与债务人为追求各自利益的最大化，选择不合作的态度会使双方陷入"囚徒困境"。

道在这个博弈中谁进谁退、谁输谁赢。

由此可以看出，斗鸡博弈描述的是两个强者在对抗的时候，如何能让自己占据优势，获得最大收益，确保损失最小。斗鸡博弈中的参与双方都处在一个力量均等、针锋相对的紧张局势中。

提到斗鸡博弈，很容易让人想到一个成语"呆若木鸡"。这个成语来源于古代的斗鸡游戏，现在用来比喻人呆头呆脑，像木头做成的鸡一样，形容因恐惧或惊讶而发愣的样子，是一个贬义词，但是它最初的含义却正好与此相反。这个成语出自《庄子·达生》篇，原文是这样的：

"纪渻子为王养斗鸡。十日而问：'鸡已乎？'曰：'未也，方虚骄而恃气。'十日又问，曰：'未也，犹应向影。'十日又问，曰：'未也，犹疾视而盛气。'十日又问，曰：'几矣。鸡虽有鸣者，已无变矣，望之，似木鸡矣，其德全矣，异鸡无敢应者，反走矣。'"

在这个故事中，原来纪渻子训练斗鸡的最佳效果就是使其达到"呆若木鸡"的程度。"呆若木鸡"不是真呆，只是看着呆，实际上却有很强的战斗力，貌似木头的斗鸡根本不必出击，就令其他的斗鸡望风而逃。

从这个典故中我们可以看出，"呆若木鸡"原来是比喻修养达到一定境界从而做到精神内敛的意思。它给人们的启示是：人如果不断强化竞争的心理，就容易树敌，造成关系紧张，彼此仇视；如果消除竞争之心，就能达到"不战而屈人之兵"的效果。

"呆若木鸡"的典故包含斗鸡博弈的基本原则：让对手对双

你的第一本博弈论 用博弈论解决工作和生活的难题

方的力量对比进行错误的判断，从而产生畏惧心理，再凭借自己的实力打败对手。

现实生活中有许多斗鸡博弈的例子，比如债务问题。由于存在信用不健全的问题，这种现实造成了法律环境对债务人有利的现象。也正是基于此，债务人会首先选择强硬的态度。于是这个博弈又变成了一个动态博弈。债权人在债务人采取强硬的态度后，不会选择强硬，因为采取强硬措施对他来说反而不好，所以他只能选择妥协。而在双方均选择强硬态度的情况之下，债务人虽然收益为负数，但他会认为在他选择强硬时，债权人一定会选择妥协，所以对于债务人来说，他的理性战略就是强硬。因此，这一博弈的"纳什均衡"实际上应为债务人强硬而债权人妥协。

由斗鸡博弈衍生出来的动态博弈，会形成一个拍卖模型：拍卖规则是竞价者轮流出价，最后拍卖物品归出价最高者所有，出价少的人不仅得不到该物品，而且还要按他所竞拍的价格支付给拍卖方钱财。

假设有两个人出价争夺价值一万元的物品，只要进入双方叫价阶段，双方就进入了僵持不下的境地。因为他们都会想：如果不退出，我就有可能得到这价值一万元的物品；如果我选择退出，那么不但得不到物品，而且还要白白搭进一大笔钱。这种心理使得他们不断抬高自己的价码。但是，他们没有意识到，随着出价的增加，自己的损失也可能在不断地增大。

在这个博弈中，实际上存在着一个"纳什均衡"，即第一个人叫出一万元竞标价的时候，另外一个人不出价，让那个人得到物品，因为这样做对他来说是最理性的选择。但是对于那些置身其中的人来说，要他们作出这种选择一般来说是不可能的。

□ 驴子和驴夫的胜利

《伊索寓言》中有一个"驴子和驴夫"的故事。

驴夫赶着驴子上路，刚走一会儿，就离开了平坦的大道，走上了陡峭的山路。当驴子将要滑下悬崖时，驴夫一把抓住它的尾巴，想要把它拉上来。可驴子拼命挣扎，驴夫便放开了它，说道："让你得胜吧！但那是个悲惨的胜利。"

这则故事说明，驴子的胜利是一个悲惨的胜利，在与驴夫的对抗中驴子胜了，但却是以自己的牺牲为代价。

有时候，双方都明白二者相争必有损伤，但往往又过于自负，觉得自己会取得胜利。所以，只要把形势说明，等双方都明白自己并没有稳操胜券的能力，僵持不下的斗鸡博弈就会化解了。

我们可以发现生活中常有这样的例子，比如男女双方结婚之后，因为一些家庭琐事就像两只斗架的公鸡，斗得不可开交。婚姻双方的斗鸡博弈，使整个家庭战火纷纷、硝烟弥漫。一般来说，到关键时候，总会出现一方对于对方的唠叨、责骂。如果丈夫装聋作哑，或者妻子干脆回娘家去冷却怒火，或者丈夫摔门而出去找朋友诉苦，一场风波就有可能化解。

康熙时的文华殿大学士兼礼部尚书张英在京做官。在老家桐城，他的邻居吴氏也是当地的豪绅大户，欲侵占张府的宅地，家人驰书入京，要张英凭官威压一压吴氏的气焰。谁知张英却回诗一首："一纸书来只为墙，让他三尺又何妨。长城万里今犹在，不见当年秦始皇。"意思很明白——退让。家人得诗，主动退让三尺。吴氏闻之，也后退三尺，于是形成了六尺宽的巷道，这就是"六尺巷"的由来。此诗意在说明不与人计较得失，大度处之。

由此可见，懂得退让并不是一种懦弱和失败，而是一种智慧。我们在工作和生活中要知道进退的道理，不要等到斗得两败俱伤的时候才灰溜溜地败下阵来！

对于工作中的加薪问题，很多上班族们一直很苦恼。加薪是一场员工和老板的博弈，绝不仅仅是简单地老板"随口说说"。员工想让薪水符合自己的付出，而老板则需要让自己的支出更贴合自身的利益。于是，一场精彩的斗鸡博弈便在办公室内上演。

赵强大学一毕业就去了南方一家企业，由于刚刚毕业，不懂

优势者考虑先退出

这次价格战我们占优势。

虽然现在我们有优势，但长久下去我们也会亏。

凡事都要决出输赢胜负，那么必然会给自己带来不必要的损失。只有一方先撤退，才能使双方获利。

占据优势的一方，如果具有这种以退求进的智慧，给对方回旋的余地，就会给自己带来胜利，而且双方都会成为利益的获得者。

得职场规则，每到发工资的时候，他总喜欢问别人："这个月你发了多少工资？"没想到，同事们个个讳莫如深，大都笑而不答。赵强很纳闷：这还有什么好保密的。直到后来，他才明白其中奥秘：原来，公司里每个员工的工资都有差别。

一个偶然的机会，赵强发现自己的工资连续好几个月都比做同样工作的同事少。赵强早已过了试用期，他觉得有必要和老板提一提加薪的问题，正好可以趁这个机会，和老板沟通一下。于是赵强找到老板说："老板，有一件事我想了解下，我发现这几个月我的工资比别的同事少了好几百块钱。是不是我的试用期已过，正式聘用的手续还没有办妥？"老板当时并没有什么特别的反应，而是很认真地说去人事了解情况。

第二天，老板便正式通知赵强："你的工资早几个月就应该加上去了，只是财务一时没办好手续。以后有什么事，如果公司一时没照顾到，不要有什么顾虑，直接找我谈。"

赵强通过一次合理的试探，便得到了加薪的机会。除了直接提出加薪的要求外，让老板加薪还有一种"曲线救国"的方式。

王华是公司的业务骨干，他的一个老同学在另一家公司干得不错，月薪也比他多了近1000元。老同学力邀王华加盟自己的公司，还说他们老板已经给他留了位置，月薪也要比王华现在的工资高出1000多。

王华考虑到自己公司的老板平时对自己不错，自己在这边也干得挺顺心的，但薪水毕竟是个诱惑，如果老板能给他加五六百元，他就不会离开公司。

于是，王华找了个机会把老同学的邀请告诉老板，并表示如果老板找到接替他的合适人选，他才会考虑离开，如果暂时还没有合适人选，他会继续留在公司干。老板感动之余，当然也明白了王华的心思。到了月底，王华的工资卡里就比平时多了800块钱。

当然，王华这么做必须有一个前提，那就是他具有让老板加薪的价值。公司如果完全可以聘请别人来代替王华，那王华则很可能加薪不成，反而把工作也弄丢了。

在现实中，哪一只斗鸡前进，哪一只斗鸡后退，要进行实力的比较，谁稍微强大，谁就有可能得到更多前进的机会。但这种前进并不是没有限制的，而是有一定的限制。一旦超过了这个界限，只要有一只斗鸡接受不了，那么斗鸡博弈中的严格优势策略就不复存在了。

□让对手知道你不会退却

在红极一时的电影《天下无贼》中有这么一个片断：由刘德华扮演的男贼和由葛优扮演的贼头目都想向对方显示自己无比的勇气，他们约定在火车快驶进隧道的时候站到车厢上面，看看谁先低头躲避足以令他们身首异处的岩壁。

在死亡越来越近的情况下，如果其中的一个坚持不住，转弯躲避，就成了"胆小鬼"，在对方面前输了；谁毫不避让，就被视为英雄；如果双方都不肯让路，结果将是灾难性的。

但是，如果双方都退避让路，他们虽然都安然无恙，但却都成了"胆小鬼"。虽然《天下无贼》的编剧和导演未必有意在此宣扬博弈论思想，但这一情节正好契合了博弈论中的一个经典博弈模型——胆小鬼博弈。

假设剧中的刘德华和葛优是两个"理性人"，他们的收益值大致是这样的：最大收益是自己勇往直前，逼迫对手让路；可是如果对手坚持到底，自己就要让路，因为丢脸总比丢命要好。所以他们的选择会是以下几种情况：

如果剧中的刘德华认为对方会勇往直前，那么他就会选择退避让路；如果他判断对方会退避让路，那么他更愿意勇往直前。剧中的葛优想法也同样如此。

胆小鬼博弈说明了"两军相遇勇者胜"的道理。但除此之外，它还说明了更多的东西。如果两军都是勇者，结果对于双方将是一场毁灭性的灾难，双方都得到这个对局中最差的报酬。如果双方都是胆小鬼，双方都将无所收获，但避免了严重的损失。如果一方是勇士而另一方是胆小鬼，那么前者将得到最高的报酬，而后者虽然没有遭受大损失却落得个"懦夫"的名号。

如果一个博弈者在他的对手看来是"不合理"的、"控制不住自己"的、"疯狂"的、"玩命"的，或者说是"视死如归"的、"大无畏"的，那么在胆小鬼博弈中他就处在有利的地位。譬如，两个争强好胜的人，为了制伏对方，各驾驭一辆车，开足马力向对方撞去。此时，"高明"的博弈者可能醉醺醺地爬进汽车，把二锅头酒瓶扔出窗外，让对手看清楚他醉成什么样子了；他戴着墨镜，让对手明白他什么也看不清；汽车一开到高速，他就弄下方向盘，把它扔出窗外。如果对手看到，他就赢了；如果对手没有看到，他就有麻烦了；如果对手也这样，那就有好戏看了。

    这就告诉我们，在胆小鬼博弈中获胜的关键是，要让对手相信你绝对不会退却，你越是表现强硬，对方就越有可能让路；但如果你知道对手绝对会硬干到底，那么最好的策略就是当个胆小鬼。撞车的结局是谁也不愿看到的。所以在最后关头转弯，是双方的最优策略。可问题是这个"最后关头"很难把握，在飞驰的

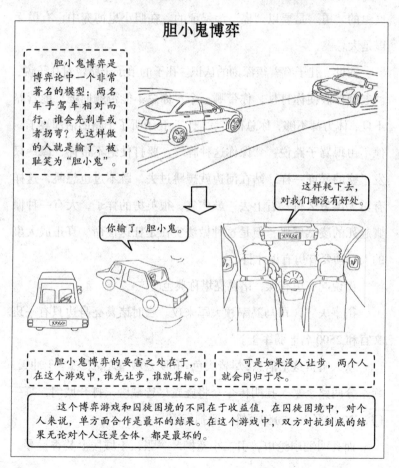

胆小鬼博弈

胆小鬼博弈是博弈论中一个非常著名的模型：两名车手驾车相对而行，谁会先刹车或者拐弯？先这样做的人就是输了，被耻笑为"胆小鬼"。

你输了，胆小鬼。

这样耗下去，对我们都没有好处。

胆小鬼博弈的要害之处在于，在这个游戏中，谁先让步，谁就算输。

可是如果没人让步，两个人就会同归于尽。

这个博弈游戏和囚徒困境的不同在于收益值，在囚徒困境中，对个人来说，单方面合作是最坏的结果。在这个游戏中，双方对抗到底的结果无论对个人还是全体，都是最坏的。

车上，也许生死存亡就在一念之间，也许，这一秒钟你还在指望对方妥协，下一秒钟你们就同归于尽了。所以说，这个"最后关头"策略并不是一个"绝对正确"的选择。

□有勇无谋是大忌

前面我们提到了在胆小鬼博弈中，两军相遇勇者胜。但是，这里的"勇"是要以"谋"为保证的。在胆小鬼博弈中，有勇无谋是大忌。

对此，孔子有着很深刻的认识。孔子的弟子子路曾对孔子说："老师！假使你打仗，你带哪一个？你总不能带颜回吧！他营养不良，体力都不够，你总得带我吧！"孔子听了子路的话却笑了，他不由得骂子路说："像你这种脾气，要打仗绝不带你，像一只发了疯的暴虎一样，站在河边就想跳过去，跳不过也想跳，这样有勇无谋怎么行？看上去一鼓作气，很英勇的样子，大有一种慷慨赴死的凌然气概，但是这种做法实在是枉送性命。真正成大事的人必须要有勇有谋才行。"

而说起有勇有谋，诸葛亮堪称典范。

街亭失守，司马懿率领大军来攻。当时诸葛亮身边只有一班文官和 2500 名老弱军士。

众人听得这个消息，尽皆失色。孔明登城望之，果然尘土冲天，魏军分两路杀来。孔明传令众将旌旗尽皆藏匿，打开城门，每一门派 20 位军士，扮作百姓，洒扫街道。

而孔明羽扇纶巾，引二小童携琴一张，于城楼上焚香操琴。

司马懿自马上远远望之，见诸葛亮神态自若，顿时心生疑忌，犹豫再三，难下决断，接到远山中可能埋伏敌军的情报，于是叫后军作前军，前军作后军，急速退去。司马懿之子司马昭问："莫非诸葛亮无军，故作此态，父亲何故便退兵？"

司马懿说："亮平生谨慎，不曾弄险。今大开城门，必有埋伏。我兵若进，中其计也。" 孔明见魏军退去，抚掌而笑。众官无不骇然。

诸葛亮说："司马懿料吾生平谨慎，必不弄险，见如此模样，疑有伏兵，所以退去。吾非行险，盖因不得已而用之，若弃城而去，必为之所擒。"

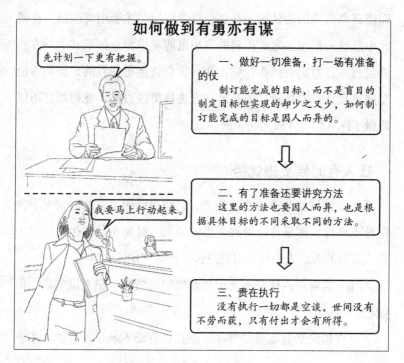

如何做到有勇亦有谋

先计划一下更有把握。

一、做好一切准备，打一场有准备的仗
制订能完成的目标，而不是盲目的制定目标但实现的却少之又少，如何制订能完成的目标是因人而异的。

我要马上行动起来。

二、有了准备还要讲究方法
这里的方法也要因人而异，也是根据具体目标的不同采取不同的方法。

三、贵在执行
没有执行一切都是空谈，世间没有不劳而获，只有付出才会有所得。

在这场博弈中，诸葛亮在自己兵力微薄的情况下大开城门，与兵多将广的司马懿玩起了心理战。

诸葛亮所用的正是胆小鬼博弈策略，他大开城门，其实是赌了一把，他赌司马懿一定会认为城中有埋伏而当胆小鬼，主动撤退。事实果然如此，司马懿认为，诸葛亮一生谨慎，不会轻易冒险，除非设有埋伏才可能如此镇定自若，焚香操琴。所以，司马懿觉得"退"比"攻"更合理，或者说期望效用更大，于是后退而去，结果使诸葛亮得以逃脱。

在这场胆小鬼博弈之中，司马懿输了。他根据以往的经验判断，猜测诸葛亮必不敢弄险，结果错过了消灭诸葛亮的最佳时机。而诸葛亮就是因为认定司马懿会选择撤退，才会出此险招，在博弈中取胜。正如在之前提到的胆小鬼博弈模型，如果其中一方能确定另一方肯定会掉头，那么他一定会选择勇往直前，但是不论是诸葛亮选择空城计，还是另一方选择勇往直前，他们都是用谋略做了深入思考才做出决定的。

□狂人有时候更占优势

胆小鬼博弈的微妙之处在于，它似乎证明了在某种情况下，你越不理性，你越可能得到理想的结果。譬如在日常生活中对于胡搅蛮缠的人，人们常常退避三舍，所谓"糊涂官难缠"。

狂人常常更占优势，美国某监狱记录的一个犯人说的话，很能说明问题。

"查尔斯是监狱里的暴徒，他总是看谁不顺眼就打谁，连看守也不例外。他在电视房里说看什么节目就能看到什么节目。

"选台时，他不过随便说一句'喂，看电视剧如何'，就换到有电视剧的频道。他可以支配另外 30 名囚徒的节目选择。

"有一次，我亲眼看见了他这样做。人们通过投票选择的节目，查尔斯给换掉了，然而没有一个人抗议他的行为。

"第二天，我向几个犯人问起这件事，他们的解释道出了事情的实质。有一个说：'噢，查尔斯为所欲为，别人惹不起他。'也有人说：'我才不管发生什么事呢，看电视剧还是看足球，有什么关系呢？'然而投票时这个人是赞成看足球的，而查尔斯给换掉了。"

由此可见，"绝圣弃智"可以提高威胁的可信度。为了说明放弃理智的好处，我们举史前时代的一个小村落为例。

假设有一群盗匪会到这个村落来偷食物，理性的村落只有在不至于付出太大的代价时才会去缉捕盗匪，放弃理智的村落则会不计代价地捉拿这些人，这样的话，盗匪宁可对理性的村落下手。虽然"绝圣弃智"是一种有效的策略，但并不能保证每次都成功，如果对方无视你的威胁，你反而陷入麻烦：要么两败俱伤，要么现出"胆小鬼"原形，认输丢脸。

在美国总统尼克松的回忆录中，其助手透露，尼克松曾经希望靠这种策略打赢越南战争。尼克松把这种策略称为"狂人策略"，办法是向对方透露信息：尼克松已经恼羞成怒，成了不顾一切后果的"狂人"，为了结束战争宁可使用原子弹。尼克松希望这样一来，对方就会跟美进行和谈。然而事实证明这一手其实并没起作用。

最糟糕的是，双方都采取了这种"绝圣弃智"策略——这很可能出现，因为当"狂人"似乎是占便宜的。于是他们都发现对方醉醺醺地出现在车里，都拆下方向盘丢出车外。这个时候，这一对装傻充愣者都明白，一旦游戏开始，后果会是什么。于是他们只能选择：要么丢脸地取消较量，要么为了面子丢掉性命。

虽然这种局面还是"胆小鬼"游戏：谁都希望对方宣布退出，这样，自己既保住了面子，又取得了胜利。可是与原来的游戏不同：现在他们都没有通过增加风险来逼迫对方认输的可能了，也无法通过判断对方的行动来决定自己的选择，因为"第一分钟"也就是"最后一分钟"，选择一旦做出，就没有更改的机会，他们的选择只能是：要么丢脸，要么丢命。到了这个地步，这两个"愣头青"一定会后悔自己做了个"横竖都是错"的决定。

狂人有时候更占优势，越不理性的人越可能得到他们想要的结果。有时候，一些在当时被看作狂妄的想法到最后往往变成了现实。

第七章

分粥博弈：
不患贫而患不公

□分粥的最后喝粥

据说，在古罗马军队中，士兵每天定量得到一块面包充当全天的口粮，而这块面包是从更大块的面包上切下来的。一开始，切面包与分配面包的任务是由类似班长这样的长官一人担任，于是，长官往往切下最大的一块留给自己，然后按关系亲疏决定切下面包的大小进行分配。由于分配不公平造成军队内部矛盾甚至内讧的事不少。

在古罗马军队中，"除了女人和赌博之外，没有比食物更合适的东西可以使无事可做的军队产生剧烈的争斗了"。为了防止因争夺食物产生争斗，罗马人很快找到了一个极好的解决办法："当两个士兵拿到了一块面包后，规则要求一个士兵来分，而另一个士兵首先出来选择属于他的一半。"可以设想，在这种规则下，分面包的士兵出于自利，只能最大限度地追求平均分配！

自律法考虑到了每个人的利益，而不是一个集团的利益，不是那些制订和执行这些法律的人的利益。这当然也是西方以制度保证公平分配的传统。人类自从开始了群居的生活，就力图营造一种秩序，一种适合大家共同遵守的秩序，秩序一旦确定大家便无条件遵守，制度便是这种状态下的产物。制度意在保护群体的共同利益，只有如此，才能有效地贯彻下去。

制度的作用是公平公正，相互制衡。所谓制度，就是约束人们行为的各种规矩。"没有规矩，不成方圆"，制度在维护经济秩序方面起着重要作用。一个好的制度并不是要改变人利己的本性，而是要利用人这种无法改变的利己心去引导他做有利于社会秩序的事。制度的设计要顺从人的本性，而不是力图改变这种本性，这样才能形成一种因势利导的有效激励机制。

制度不能"制（置）别人于死地，度自己上天堂"，制度不能只为别人而定。如果不能跳出这个怪圈，那么制度永远是一种强弱势力不对称甚至沦为划分阶层的界线。让分粥的人最后喝粥，这是一个极其朴素却又绝对高明的方法。分粥人知道，如果分给每个人的粥有多有少，那么自己一定喝到的是最少的那一碗。

不同的制度形成不同的结果，好的制度让人奋发向上、积极进取，团结共处；不好的制度让人好吃懒做、不思进取，钩心斗角。

□责、权、利的一致

中国有句古话，"无规矩不成方圆"。一个企业能否兴旺发达与企业制度有很大的关系。

严寒的冬天里，一群人点起了一堆火。大火熊熊燃烧，烤得人浑身暖烘烘的。有个人想：天这么冷，我绝不能离开火，不然我就会冻死。其他人也都这么想，于是这堆无人添柴的火不久便灭了，这群人全被冻死了。

又有一群人点起了一堆火，一个人想：如果大家都只烤火不捡柴，这火迟早会灭的。其他人也都这么想。于是大家都去捡柴，可这火不久也熄灭了，原因是大家只顾捡柴，没有烤火，都被陆续冻死在了捡柴的路上，火最终因缺柴而灭。

又有一群人点起了一堆火，这群人没有全部围着火堆取暖，也没有全部去捡柴，而是制定了轮流取暖捡柴的制度，一半人取暖，一半人捡柴。于是人人都去捡柴，人人也都得到了温暖，火堆因得到了足够的柴源不停地燃烧，大火和生命都延续到了第二年春天。

火堆的寓言明白地告诉我们，有了良好的规则才有良好的生存，在一个团队中，个人顾个人的态度只能是自我否定。一个企业如果没有一套完善的规章制度，出现责任空白，企业的所有员工也就无规可依、无章可循。

积极主动，忘我牺牲，对于一个团队来说，是一种难得的精神，但绝不能是其生存的根本，靠主动、靠奉献只能维持一时，铁的制度才能维持长久——这是企业管理的盾牌。

每一个老板，都希望自己的企业能够发展壮大。但唯有先进的制度、严明的纪律才能保证企业顺利地发展。制定制度，是每个领导需要考虑的问题。

远大公司总裁张跃说："伟大的公司要面临很多挑战，那些基础的质量、技术的挑战，我都觉得不大，价值观的挑战是最大的。在中国要做公司，要做一个真正百分之百符合常人道德观的公司很不容易，但是我们一直在坚持这样做，并且会永远地坚持下去。"

最终，远大公司选择了靠完善制度来落实自己的价值观，靠纪律约束全体员工。远大设立了制度统筹委员会，统一文件制度的审计和管理，制定出的正式制度文本有 300 多份、1900 多条、7000 条款，共 70 万字。

明确责、权、利的制度

原来之前都是校长在做我的工作啊。

把责任和权利用制度明确化，就能使每个人做好自己的事，不去踩别人的脚。一个良好的博弈制度应该是明确责、权、利的制度。

每月一次的研讨会发现了不少人才，这回发现李青适合做主持人。

企业应该首先建立起一个"责、权、利"完美结合的平台，形成一个相对公平合理的人力资源管理博弈机制，只有这样才能充分调动员工的积极性，使其各显其能。

所谓制度，就是约束人们行为的各种规矩。"没有规矩，不成方圆"，制度在维护经济秩序方面起着重要作用。一个好的制度并不是要改变人利己的本性，而是要利用人这种无法改变的利己心去引导他做有利于社会秩序的事。制度的设计要顺从人的本性，而不是力图改变这种本性，这样才能形成一种因势利导的有效激励机制。

□滥竽充数是齐宣王的错

战国时期，齐国有一位南郭先生，身无长物，却有些小聪明。当时齐国国君齐宣王很喜欢听吹竽，南郭先生本不会吹竽，但为了养家糊口，决定铤而走险，去齐宣王那儿碰碰运气。

齐宣王是个讲排场的人，他喜欢听300人的大合奏，正在四处招人吹竽。于是，南郭先生跟着一帮人就混进了齐宣王的吹竽乐队之中。

刚开始的时候，南郭先生还有些心虚。时间一长，南郭先生发现，在这个300人的大乐队中，他一个人吹与不吹都无足轻重。他慢慢放下心来，在齐宣王的乐队中装模作样地混了好几年。

几年后，齐宣王死了，他的儿子齐王即位当了国君。受父亲的影响，齐王也很喜欢听吹竽。不过，齐王和宣王有些不一样，他更喜欢听独奏。齐王让300个乐手——上殿独奏，众多吹竽高手们被齐王挖掘了出来。乐手们的待遇也有了不同，区别对待，齐国的吹竽水平也得到长足发展。

不过，相对于那些吹竽高手，南郭先生的日子可不好过了。自己对于吹竽是一窍不通，要是被国君知道自己在滥竽充数，可是要掉脑袋的。于是，南郭先生最终选择在一天夜里偷偷溜走了。

滥竽充数的故事有着深刻的经济学意义。南郭先生能够"滥竽充数"，原因在于齐宣王实行的工资制度存在问题。

面对300人的大乐队，齐宣王实行的是一种平均主义制度。不管每个人吹竽的技术如何、付出多少努力，都会得到同样的待遇。经济学认为人是理性的，在获得利益既定的情况下付出的劳动会尽量最小化。对于齐宣王的吹竽手来说，吹得好与坏，待遇都是一样的，于是便有了南郭先生的存在。

假设齐宣王一直活下去，那他的这个吹竽乐队一定会解散。原因很简单，南郭先生滥竽充数必然会成为乐队的榜样，大家都会纷纷效仿。到最后，300人的合奏，恐怕没有一个人在真正吹竽。最终的结果是，齐宣王不得不解散吹竽乐队。这就是平均主义所引起的集体无效率。

南郭先生滥竽充数大大降低整个乐队的效率，有了他这个榜样，那些勤奋有才华的吹竽手也会跟着变懒。很显然，齐宣王的这一制度从效率的角度讲，是失败的。

到了齐王这里，集体演奏的方式变成了个人演奏。演得好的，奖励也多，差一点的还能吃饱饭，南郭先生这样根本不会的，就只能选择跑路了。齐王考核的方式显然要有效率得多，会促使吹竽的乐手们更加勤劳。

后来，人们取笑南郭先生，但没想到南郭先生反咬一口，说："你们为什么不从齐宣王身上找原因？"

几千年来，人们一直把南郭先生作为以次充好、以外行充专家的典型，实际上我们不能不说，在"合奏"的环境下，南郭先生不劳而获。主要是因为齐宣王实行的是一种平均主义大锅饭制度，无论竽吹得如何、付出了多大劳动，都得到同样的一份食物，

怎么使员工变勤劳

每个人都渴望得到奖金，谁也不愿意受罚，于是所有人都会努力工作。当然在团体活动中很难避免偷懒行为，如果奖金足够高，罚金也足够高，每个人在进行利弊权衡后都会减少偷懒倾向。

这个季度，小王拿了第一名，绩效翻倍。

真好，下个季度我也得努力才行。

如果你们市场部能完成年终指标，全部门韩国7日游。

好，我们一定会完成。

1. 实行绩效考核
完美的绩效考核方案有助于员工提高效率，形成良好的公司发展环境。

2. 采取团队激励或惩罚
将整个团队的最终业绩作为评估目标，同时设置目标奖金，将会促使团队工作效率提升。

吹竽者当然要出力越少越好——装出一副吹的样子而不用力吹。但是，南郭先生不吹竽仍可获得同样的食物会成为一个榜样，引起更多人效仿，长此以往，乐团的竽声只会越来越小。这就是经济学家常说的，坏的制度使好人也会做坏事。

产生南郭先生滥竽充数行为的原因不是南郭本人的人性如何，而是齐宣王的平均主义大锅饭制度存在疏漏；使南郭先生逃跑的也不是他良心发现，而是齐王改变了制度。平均主义大锅饭制度可以把勤劳者变为懒人，激励制度可以把懒人变为勤劳者。打破了大锅饭制度，虽然打破了南郭先生之流的"饭碗"，但是却为更多的人提供了公平。

有效率的激励制度可以把懒人变为勤劳者。这就是经济学家常说的另一句话，好的制度使坏人也会做好事——懒惰的南郭先生不得不勤劳，否则就要被淘汰。

我们从上面的故事中可以看出，南郭先生不学无术，只靠蒙骗来混饭吃的日子是不会长久的，最终他会失去饭碗；同时，我们究其根本原因，是由于齐宣王制定的制度不完善才导致了滥竽充数的结果。

人的懒惰或勤奋不是天生的，而是制度引导的结果。平均主义大锅饭制度可以把勤劳者变为懒人，而有效率的激励制度可以把懒人变为勤劳者。因此，组织在博弈时要制定一套更完善的制度体系，以杜绝这种"滥竽充数"现象的再次发生。

□制度是最好的上帝

东南纺织厂于 1986 年 12 月开工，采用两班制，每班工作 12 小时。轮到夜班者，每到深夜三四点时，就有人打瞌睡。公司为了防患于未然，严格规定瞌睡者要记大过一次，三次就得开除。

虽然规定很严，睡者照睡，甚至发现平常表现良好的员工，有一夜被发现连打瞌睡三次的情形，当时的总经理吴修齐为此事非常困扰。

经过吴修齐深入的研究调查后发现，每班工作 12 小时，日班尚可忍耐，夜班则疲惫不堪，到了深夜三四点，虽明知瞌睡会被重罚，但总是心有余而力不足，一坐下就打起瞌睡。

为了解决因体力不支而不得不打瞌睡的问题，吴修齐想出了一套对劳资双方均有利的方法：

一、以现有人员，由二班制改为三班制。

二、每班工作时间由 12 小时改为 8 小时，缩短 4 小时的工作时间。

三、虽然缩短工时，但员工每月的收入不变。

虽然缩短时间，但因单位时间的工资增加，员工的收入并不减少，所以三班制大受员工欢迎，工作更加努力。

由于工作时间缩短，工作精力旺盛，不但打瞌睡的情形几乎消失了，而且工作效率大为提高，使得生产力反而提高，总生产量较未采三班制之前提高了 20%，劳资双方均蒙其利。

吴修齐说："我未曾学过'科学管理'，但从打瞌睡这件事使我体悟到，所谓'科学管理'，不过是'合理的管理'罢了！做事跟做人一样，必须求合理，方能得到事半功倍的效果。"

违反客观规律办事，事倍功半。按客观规律办事，事半功倍。管理就是以科学的态度，按客观规律去实现管理目标。符合客观实际的管理使企业发展，反之，制约企业发展。

1999年的日产公司，已经连续26年下滑，背负着2兆5000亿日元的巨额负债，当时的社长堉义一拖着几近崩溃的身体几度赴海外磋商，最后与法国雷诺达成合作协议，雷诺以54亿美元的价格收购日产36.8%的股权。在谈判过程中辅助雷诺总裁谈判的，就是时任雷诺第二把手的卡洛斯·戈恩。

日产企业集团是一个大金字塔，内部有一套严密的组织机构，严格的办事流程，严肃的上下级服从制度，复杂的决策程序，一旦决定，下级不得更改，即使错了也要错到底。对此戈恩批评说，日产的组织僵化，已经坏死。

日本企业员工升迁的依据是"年功序列"，说白了就是"论资排辈"，以戈恩46岁的年龄，在日本企业只相当于课长。在东京银座晚餐的气氛中，日产的几个中层干部承认，如果戈恩不是"外国人"，以他这样的年龄，恐怕很难服众。

接管日产后，一位课长表现突出，戈恩让他一日内连升5级。只要能干，无论资历年限，立即提拔。由于年轻人在公司受到重用，"能力主义"取代了论资排辈。

戈恩上任后的第七个月，复兴计划全盘发表。其内容的严酷震惊了全日本。复兴计划准备在三年内裁员 2.1 万人，关闭五家工厂，卖掉非汽车制造部门，将 13000 多家零部件、原材料供应商，压缩为 600 家，将占尼桑汽车成本 60% 的采购成本降低 20%。

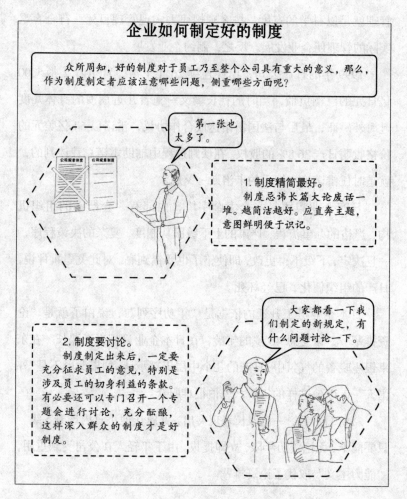

"日产复兴计划让许多人感到痛苦，这是一种伴随着牺牲的疼痛，但是为了日产的再生，我们别无选择。"戈恩用很不流利但充满感情的日语对人们说。他雷厉风行，快刀斩乱麻，减少决策人数，建立信息信箱，提高了办事效率。连续七年以来，日产公司一直处于亏损状态，但是，令人吃惊的是，2000 年一年，它的盈利却大大地突破了历史纪录，高达 27 亿美元。落后僵化、脱离实际、流于形式的制度安排，不但无助于提高工作效率，反而会成为日常管理中的一种枷锁和羁绊。

GE（通用电气的英文缩写）在 1981 年时，生产增长远远低于日本的同类企业，技术方面的领先地位已经丧失。韦尔奇接任总裁后，从文化变革入手，创建了一整套企业文化管理模式。韦尔奇指出，世界在不断变化，我们也必须不断变革，我们拥有的最大力量就是认识自己命运的能力，认清形势、认清市场和顾客、认清自我，从而改变自我，掌握命运。这个阶段企业确立的目标是"使组织觉醒，让全体员工感到变革的必要性"。

美国通用电气公司的变革理念表现为：善于掌握自己的命运，善于掌握企业中人的情况和潜能，善于聘用和选拔优秀的管理者，其核心则是通过领导者的言行将所确定的企业发展战略、企业目标、企业精神传达给公众，争取全体员工的合作，并形成影响力，使相信远景目标和战略的人们形成联盟，得到他们的支持。

这个改革过程经历了五年，这五年中韦尔奇顶住了各方面的压力。当时员工关心的是自己的晋升和职业保障，而不是企业的改革和文化的变革。韦尔奇启发大家：公司必须在竞争中获胜，必须赢得顾客才可能提供职业保障，企业发展了，职工才有晋升的机会。正是由于韦尔奇对企业进行了成功的改革，创立了快速适应市场动态和团队合作的机制，才使 GE 成为企业界的奇迹。

第八章

多人博弈：
为什么三个和尚没水喝

□三人困境，三个和尚没水喝

　　山上有座小庙，庙里有个小和尚。他每天挑水、念经、敲木鱼，给观音菩萨案桌上的净水瓶添水，夜里不让老鼠来偷东西，生活过得安稳自在。不久，来了个瘦高和尚。他一到庙里，就把半缸水喝光了。小和尚叫他去挑水，瘦高和尚心想一个人去挑水太吃亏了，便要小和尚和他一起去抬水，两个人只能抬一只水桶，而且水桶必须放在扁担的中间，两人才心安理得。这样总算还有水喝。后来，又来了个胖和尚。他也想喝水，但缸里没水。小和尚和瘦高和尚叫他自己去挑，胖和尚挑来一担水，立刻独自喝光了。从此谁也不挑水，三个和尚就没水喝。大家各念各的经，各敲各的木鱼，观音菩萨面前的净水瓶也没人添水，花草枯萎了。夜里老鼠出来偷东西，谁也不管。结果老鼠猖獗，打翻烛台，燃起大火。三个和尚这才一起奋力救火，大火扑灭了，他们也觉醒了。从此三个和尚齐心协力，水自然就更多了。

　　一个和尚挑水喝，两个和尚抬水喝，三个和尚没水喝。这是一个博弈的定律，后被管理学界广泛引用和流传，即华盛顿合作定律：一个人敷衍了事，两个人互相推诿，三个人则永无成事之日。

　　为什么人多反而影响工作积极性呢？早在1920年，德国心理学家黎格曼曾进行过一项实验，专门探讨团体行为对个人活动效率的影响。他要求工人尽力拉绳子，并测量拉力。参与者都参加

3种形式的测量：个人单独拉、3人同时拉和8人同时拉。结果是：个体平均拉力为63公斤；3人团体总拉力为160公斤，人均为53公斤；8人团体总拉力为248公斤，人均只有31公斤，只是个人独自拉时力量的一半。黎格曼把这种个体在团体中"偷懒"的现象称为"社会懈怠"。

之所以会产生"社会懈怠"现象，可能是每个人觉得团体中的其他人没有尽力，为求公平，于是自己也就减少努力；也可能是觉得自己的努力对团体微不足道，所以没有全力以赴。不管发生这种现象的具体原因是什么，这种"社会懈怠"现象在生活中普遍存在。比如我们时常会抱怨"人多事杂"，以至于难以高效地完成一项任务；"三个臭皮匠赛过诸葛亮"，而现在大家却将其调侃成"三个诸葛亮不如一个臭皮匠"，这实际也是对"社会懈怠"现象的一种讽刺。

"一个人敷衍了事，两个人互相推诿，三个人则永无成事之日。"这就是华盛顿合作定律，似乎与"三个和尚"的故事有着异曲同工之妙。不管是分工合作，还是职位升迁，抑或利益分配；不论出发点是何其纯洁、公正，都会因为某些人的"主观因素"而变得扑朔迷离、纠缠不清。随着这些"主观因素"的渐渐蔓延，原本简单的上下级关系、同事关系都会变得复杂起来。

可见，人与人的合作并非人力的简单相加，而复杂微妙得多。在人与人的合作中，假定每个人的能力为1，那么10个人的合作结果有时比10大得多，然而有时却甚至比1还要小。

有一个故事是这样的：

查理和他的搭档史蒂夫都是盗窃高手，身手不凡、技艺高超，一起效命于意大利黑手党。一次，他们联手抢劫了一批价值3500多万美元的黄金。在警察的追捕中，史蒂夫出卖了查理，把他送进监狱，自己独吞了巨额黄金。

　　在查理熬过了几年的牢狱生涯，走出监狱大门后，他决心夺回那笔黄金。因此，他四处网罗帮手，首先找到的是一位擅长在最短时间内撬开保险箱密码锁的美女斯黛拉。然后，查理又找到了一位身手不凡的打手罗布。

　　查理又打探到史蒂夫的所在地是洛杉矶，便迅速策划了一个详细周全的盗窃和逃跑计划，以躲避警察和史蒂夫的双重追击。因为有解密高手斯黛拉，撬开保险箱不成问题，关键就在逃跑。查理决定制造一场洛杉矶大塞车，控制市区内各个路口的红绿灯，从而为他们的胜利逃跑开辟出一条绿色通道。

　　为了这个天衣无缝的计划，三人进行了详细的分工：一人负责侵入交通部门的电脑，控制洛杉矶路口的红绿灯，并通报最快捷、最安全的逃跑线路；另外两人，分别驾驶蓝色和红色的Mini Cooper，载着偷来的黄金，负责安全逃脱。

　　而他们的对手史蒂夫也不是省油的灯，绝不会轻易放弃黄金。同时他也察觉到查理的阴谋，所以没有驾车追击，而是开着一架小型直升机跟在查理的头顶。驾着Mini Cooper的查理终于逃脱了警察的追捕，却无法摆脱开着直升机追击的史蒂夫，最后，这两位曾经的盗贼搭档，展开了一场一对一的决斗。

　　如同谚语"三个臭皮匠，赛过诸葛亮"中说的那样，三个智力水平普通的人只要肯合作，他们的总体智力水平就可以高于一个智力超常的人。

同样，对于普通个人来说，处在钩心斗角且毫无生气的环境当中，会使得其精力慢慢消失殆尽，整个人也会变得不思进取；而处于一个公平且充满活力的环境，则会让自己不断获得"质"的提升。"近朱者赤，近墨者黑"，你会选择何者呢？

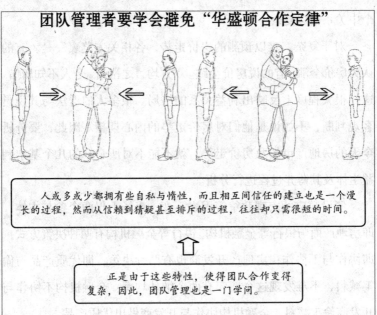

团队管理者要学会避免"华盛顿合作定律"

人或多或少都拥有些自私与惰性，而且相互间信任的建立也是一个漫长的过程，然而从信赖到猜疑甚至排斥的过程，往往却只需很短的时间。

正是由于这些特性，使得团队合作变得复杂，因此，团队管理也是一门学问。

明智的管理者，不但会不断提高员工的整体素质，而且还会建立分工合理、职责明确、奖罚分明的管理制度，形成一个有利于人才成长与竞争的舞台。

□房价为什么越来越高

现实中最常见的是多人博弈，最复杂的也是多人博弈，多人博弈如何实现纳什均衡呢？我们以房产市场为例来说明，房地产行业不仅关系到国家经济，和普通人的生活也是息息相关。总体说来，在房地产市场中，政府的作用举足轻重。房地产开发的过程是多方博弈，也是一个复杂的过程，其参与者多、涉及面广，个中关系错综复杂。

对于复杂、难以预测的房价走势，各相关方莫衷一是。有的认为房价会涨，有的说房价会跌。双方均言之凿凿，令人不知所措。这在很大程度上反映出利益关系的格局。很多人的看法与其说是客观判断，不如说是他们对房价走势的内心期望。因此，要分析今天的房地产市场及房价走势，就不能不对所牵涉的几个基本利益主体及其博弈过程进行分析。

假设政府的宏观政策等因素不变，市场上仅两个参与主体，即房地产商与银行等金融机构。银行等金融机构有两种决策方式，即协作与不协作；房地产开发商也有两种决策，即优质产品与偷工减料，不难发现这个博弈有两个纳什均衡：金融机构不协作与开发商偷工减料，金融机构协作与开发商做出优质产品。

如果考虑到购房者，那么这个博弈就成了政府、开发商、购房者和金融机构的四方博弈。该博弈模型从国内的大前提下出发，从政策的制定到最终落实到购房者，讨论其利益的分配及决策。很明显，购房者在信息获取方面具有劣势，所掌握的信息既不及时，也不全面，仅仅是一些公开或较公开的信息，并且对于购房者整体而言，相互之间没有什么沟通，没有信息优势，处于房地产市场博弈中最被动的地位。

房地产商的大部分资金是由银行提供的，银行也是企业，以利益最大化为经营目标，银行借给房地产商钱只有一个目的，就是获得高额回报。

又由于房地产的开发商投入的自有资金也占相当大的比重，自然也不想将项目"烂"在自己手中，但由于其信息优势，且规模较大，易于操纵市场，并变相哄抬房价，从而形成卖方市场，损害消费者利益，占有超额利润。

在这种情况下，中央政府面临两种选择：其一是有所作为，下大力度规范市场；其二是不作为，任由市场随意变化。同时，购房者也面临两个选择：其一是正常地根据自己的经济条件合理购房，特别是在房价居高不下时持币待购；其二是毫无理性可言，盲目购房。

房地产开发商合理合法地开发新项目，或者投机取巧，开发不能保质保量的劣质品。银行也根据房地产商和政府的操作选择增加贷款以支持房地产投资或者减少贷款以维护自己的利益。

可见，对于政府来说，当市场混乱，价格失调时，有所作为是一个理性的选择；对于购房者来说，根据自身条件购房，不为购置房产而透支自己的消费能力方为上策。博弈的双方都确定了自己的最佳策略，如果在各自的最佳策略上能达到一个均衡，那么多人博弈的纳什均衡就形成了。

对于房地产开发商而言，合法合理开发新项目，定价适中，满足大部分人的需求是收益最大的选择。对于金融机构来说，根据国家宏观政策的变更而改变贷款策略是保持稳定发展的良好方法。

时滞效应的动态博弈过程

一般来说，政府的政策制定与执行需要很长时间才能产生效果，这就是时滞效应。这个动态博弈的过程如下：

首先，政府根据所收集的市场信息，选择紧缩或宽松的货币政策以调控市场繁荣程度。

根据新出台的经济政策，银监会决定……

××银行×××相关会议

接着，银行等金融机构根据政府出台的政策，并结合自己对市场走向的判断，来增加或减少给房地产开发商与购房者的贷款。

最近银行有新动向，我们应该根据方针采取……策略。

房产公司董事会

最后，房地产商根据银行等金融机构的操作过程相应地做出自己的投资规划：扩大投资规模或缩减投资量。

所以在房地产业各方博弈的均衡应该是这样一种情况：在中央政府有序管理与金融机构的大力支持下，开发商能够充分洞察购房者的消费需求与消费能力，科学地规划、设计、建设并以合理的价位销售楼盘，那消费者自然纷至沓来，于是，开发商安心赚取利润，赢得越来越好的市场信誉；消费者购得满意的房屋，安居乐业；市场秩序井然，国家宏观经济形势良好。这就是房地产市场皆大欢喜的多赢之局。

□多人博弈的协调

在一次博弈中若存在两个或两个以上的纳什均衡，结果就难以预料。这对每个博弈方都是麻烦事，因为后果难料，行动也往往进退两难，于是协调博弈便产生了。

我们每一个人，都是协调博弈的参与者，为了所有局中人的利益，我们会不断地自觉进行一局又一局的协调博弈，直至达到均衡。

协调博弈到底是怎么回事呢？什么又是多人的协调博弈呢？举个常见的例子，两个驾马车的人相撞，往往是因为不知道对方会不会躲、往哪边躲、自己该如何反应，于是撞到一起。马车相撞一般不会造成什么大麻烦，可是如果换成摩托车、汽车，就可能出现伤亡。所以，应该有一个硬性规定，来告诉人们该怎么做。

开车的时候你应该靠右还是靠左呢？假如别人都靠左行驶，你也会在左边行驶。假如每个人都认为其他人会靠左行驶，那么他们也会靠左行驶，而他们的预计也全都确切无误，靠左行驶将成为一个均衡。正如在英国、澳大利亚和日本出现的情况，这些国家的交通规则规定，车辆一律是靠左行驶。

当然，均衡的概念没有告诉我们哪一个更好，假如一个博弈具有多个均衡，所有参与者必须就应选择哪一个达成共识，否则就会导致困惑。海上航行也面临同样的问题，尽管大海辽阔，但是航线却是比较固定的，因此船只交会的机会很多，这些船只属于不同的国家，如何解决谁进谁退的问题呢？先来看一则小笑话：

一艘军舰在夜航中，舰长发现前方航线上出现了灯光。

舰长马上呼叫："对面船只，右转30度。"

对方回答："请对面船只左转30度。"

"我是A国海军上校，右转30度。""我是B国海军二等兵，请左转30度。" 舰长生气了："听着，我是'××××'号战列舰舰长，这是A国海军最强大的武装力量，右转30度！""我是灯塔管理员，请左转30度。"

就算你官阶再高、武装力量再强，灯塔也不会给你让路。那么，如果对方是船，又该如何决定呢？谁先让，不能等待临时谈判，也不由官阶高低决定。海上避让也有像马路上靠右行驶那样的硬性规定：迎面交会的船舶，各向右偏一点儿，十字交叉交会的船舶，则规定看见对方左舷的那艘船要让，慢下来或者偏右一点儿都可以。这就从制度上规范了避让的方式。

十字交叉交会时如何避免碰撞的规矩，就是上述博弈的两个纳什均衡中的一个。究竟哪一个纳什均衡真正发生，就要看两船航行的相互位置了。如果甲看见乙的左舷，甲要让乙原速直走；如果乙看见甲的左舷，乙要让甲原速直走。

再看看当年红透半边天的《超级女声》选秀节目，这档节目曾经引起亿万国人瞩目。此类节目并非由天娱公司首创，之所以如此成功，除了天时、地利的原因外，还由于"超女"有一个庞大的互动收视群。这个收视群的大规模互动就是在进行一场协调

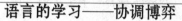

语言的学习——协调博弈

> 汉语？ 德语？ 日语？ 英语？

> 这么多国家的语言怎么学呢？这就需要协调博弈，国际上普遍认为有一种语言是大家都要学的，比如英语。

"英语"转化"母语"

> 假如中国人可以用某种神奇的方法把英语知识全部转换成汉语知识，我们就可以从中受益。

> 由于转换的成本很高，中国人不会把英语当成"母语"，所以中国的学生不会把所有的精力放在英语的学习上。

> 在这场大规模的协调博弈中，世界上很多国家的公民决定要学英语，并以此当作第二语言，这就和所有的协调博弈一样，一旦大家决定好了策略，继续进行下去对每个人都有利。

博弈。在收视热潮时，它能像滚雪球一样吸引越来越多本不关注此次活动的观众。部分人收看《超级女声》时所表现出来的兴奋，会吸引更多人的关注。《超级女声》的成功正是由于运用了大规模协调博弈的互动原则。

几乎世界上任何一场大的活动都和"超女"类似，再比如，举世瞩目的盛事，每四年一届的世界杯足球锦标赛，每当比赛之际总是万人空巷。尽管足球赛看上去千篇一律，尽管有些人对足球或许并不喜欢，也可能会因为协调博弈的原因而被世界杯所吸引。当你身边的朋友对你所关心的运动也感兴趣时，你就会更有兴趣，因此，全世界的球迷其实是在玩大规模的协调博弈，其中每个人都选择了受欢迎的运动。在这种情况下，跟进对每个人都有好处。

其实，人要做一番事业，既需要别人的帮助，又需要帮助别人。从这个意义上说，帮人就是帮自己。这就是博弈论中的借力技巧。不过，借用他人之力为自己服务，一定要选好时机和方式，争取最大的收益，否则借力不当有时候会为自己带来意想不到的麻烦。

第九章

路径依赖：
突破思维定式才能突破困局

□马屁股决定铁轨的宽度

美国的铁路据传是由英国工程师设计建造的。电车的轨道标准为 4.85 米，这一标准最初又是来源于马车的轮宽。问题是马车为什么要用这个轮距标准呢？因为如果马车用任何其他数值，马车的轮子就会在英国的老路上被撞坏。正巧，这些路上的辙迹宽度就是 4.85 米。这些辙迹又是从何而来的呢？这回答案就追溯得远了。古罗马时，罗马战车的宽度正好是 4.85 米。而这个宽度，恰恰是两匹拉战车的马的屁股的宽度。

故事到此还没有结束，美国航天飞机燃料箱的两旁有两个火箭推进器，因为这些推进器造好之后要用火车运送，路上又要通过一些隧道，而这些隧道的宽度只比火车轨道宽一点，因此火箭助推器的宽度是由铁轨的宽度所决定的。所以，最后的结论是：路径依赖导致了美国航天飞机火箭助推器的宽度竟然是两千年前便由两匹马的屁股的宽度决定了。

后来，道格拉斯·诺斯第一个明确将这一结论引入了博弈的领域，建立起新的路径依赖理论，从而获得了 1993 年的诺贝尔经济学奖。实际上，他无非是想证明，在日常生活中，某项事物的一次选择，或许是历史的偶然，像美国铁路的宽度，像某学生购买当当网的图书。但在这一次之后，使用者就会觉得继续这样做是有效率的。于是，过去的选择影响了现在以及未来的选择。然后，人们就会在没有任何质疑的情况下，一条路一直走下去。

诺斯关于路径依赖的理论很快得到了证实，甚至实验者们可以发现，个体的全部行为几乎都受到路径依赖的影响。区别只在于，不同情况下，好的路径效应能带来正面作用，提高行为的效率而进入良性循环，甚至形成规模效应；坏的路径效应则让行为一直处在低效率的状态。

路径依赖又称为路径依赖性，它的特定含义是指人类社会中的技术演进或制度变迁均有类似于物理学中的惯性，即一旦进入某一路径（无论是"好"还是"坏"）就可能对这种路径产生依赖。

有人将 5 只猴子放在一只笼子里，并在笼子中间吊上一串香蕉，只要有猴子伸手去拿香蕉，就用高压水教训所有的猴子，直到没有一只猴子再敢动手。

然后用一只新猴子替换出笼子里的一只猴子，新来的猴子不知这里的"规矩"，竟又伸出上肢去拿香蕉，结果触怒了原来笼子里的 4 只猴子，于是它们代替人执行惩罚任务，把新来的猴子暴打一顿，直到它服从这里的"规矩"为止。

试验人员如此不断地将最初经历过高压水惩戒的猴子换出来，最后笼子里的猴子全是新的，但没有一只猴子再敢去碰香蕉。

起初，猴子怕受到"株连"，不允许其他猴子去碰香蕉，这是合理的。但后来人和高压水都不再介入，而新来的猴子却固守着"不许拿香蕉"的制度不变，这就是路径依赖的自我强化效应。

在博弈中，"路径依赖"是一个使用频率极高的概念，它说的是人们一旦选择了某种制度，惯性的力量会使这一制度不断"自我强化，让你轻易走不出去"。

淘宝上买东西，炒股的系统交易，企业管理，其实也是缘于路径依赖。你的系统交易、企业治理模式不一定对，但一旦你使用了很长时间，你就会产生依赖，即便明知是错误的，也可能一直使用下去。

某大学生曾在淘宝网购买过图书，此后就经常光顾淘宝网。

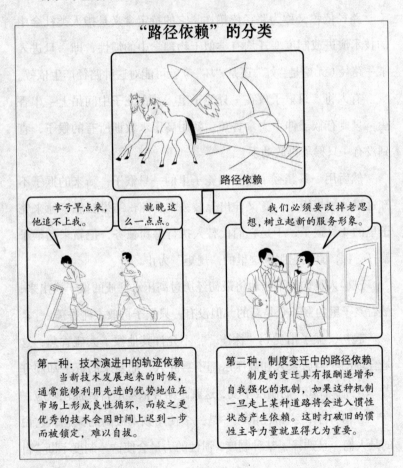

"路径依赖"的分类

路径依赖

辛亏早点来，他追不上我。

就晚这么一点点。

我们必须要改掉老思想，树立起新的服务形象。

第一种：技术演进中的轨迹依赖
　　当新技术发展起来的时候，通常能够利用先进的优势地位在市场上形成良性循环，而较之更优秀的技术会因时间上迟到一步而被锁定，难以自拔。

第二种：制度变迁中的路径依赖
　　制度的变迁具有报酬递增和自我强化的机制，如果这种机制一旦走上某种道路将会进入惯性状态产生依赖。这时打破旧的惯性主导力量就显得尤为重要。

一日，女友问他："网上哪里买化妆品便宜？"

他回答："淘宝网。"

女友："哪里买衣服便宜？"

他回答："淘宝网。"

女友："网上哪里买手机便宜？"

他回答："淘宝网。"

突然，女友笑着推了他一下："你家是开淘宝网的？"

该大学生只因使用了一次淘宝网，就继续光顾。当女友要购买东西时，他就积极向女友推荐。可是，反过来想想，就如女友说的那样，买东西一定要上淘宝网吗？回答当然是否定的。网上还有很多交易平台可供选择，例如卓越、当当等。那该大学生为什么执着于给女友推荐淘宝网呢？因为他熟悉淘宝网，让女友直接去买，提高了行为的效率（尽管未必会减少甚至还会增加付出的成本）。这种状态，在博弈中就是典型的路径依赖效应。

□无法预测的蝴蝶效应

一只蝴蝶在巴西扇动翅膀，有可能在美国的得克萨斯州引起一场龙卷风。

蝴蝶效应是气象学家洛伦兹1963年提出来的。为了预报天气，他用计算机求解仿真地球大气的13个方程式，意图是利用计算机的高速运算来提高长期天气预报的准确性。

1963年的一次试验中，为了更细致地考察结果，他把一个中间解0.506取出，提高精度到0.506127再送回。而当他到咖啡馆喝了杯咖啡以后回来再看时竟大吃一惊：本来很小的差异，结果却偏离了十万八千里！再次验算发现计算机并没有毛病，洛伦兹发现，由于误差会以指数形式增长，在这种情况下，一个微小的误差随着不断推移造成了巨大的后果。他于是认定这为"对初始值的极端不稳定性"，即"混沌"，又称"蝴蝶效应"。

一个微不足道的动作，或许会改变人的一生。可以作为佐证的事例，随处可见。福特当初面试进入美国福特公司，因为"捡废纸"这个简单地动作而受到重视。谁又能想到，以后的美国福特公司在福特的领导下，不仅创造了汽车工业的奇迹，而且改变了整个美国国民经济状况。

福特的收获看似偶然，实则必然，他下意识的动作出自一种习惯，而习惯的养成来源于他的积极态度，这正如著名心理学家、哲学家威廉·詹姆士所说："播下一个行动，你将收获一种习惯；播下一种习惯，你将收获一种性格；播下一种性格，你将收获一种命运。"

一天夜里，已经很晚了，一对年老的夫妻走进一家旅馆，他们想要一个房间。前台侍者回答说："对不起，我们旅馆已经客满了，一间空房也没有剩下。"看着这对老人疲惫的神情，侍者又说："但是，让我来想想办法……"

随后侍者又说："也许它不是最好的，但现在我只能做到这样了。"第二天，当他们来到前台结账时，侍者却对他们说："不用了，因为我只不过是把自己的屋子借给你们住了一晚——祝你们旅途愉快！"原来如此。侍者自己一晚没睡，他就在前台值了一个通宵的夜班。两位老人十分感动。老头儿说："孩子，你是我见到过的最好的旅店经营人。你会得到回报的。"侍者笑了笑说，这算不了什么。他送老人出了门，转身接着忙自己的事，把这件事情忘了个一干二净。没想到有一天，侍者接到了一封信函，里面有一张去纽约的单程机票并有简短附言，聘请他去做另一份工作。他乘飞机来到纽约，按信中所标明的路线来到一个地方，抬头一看，一座金碧辉煌的大酒店耸立在他的眼前。原来，几个月前的那个深夜，他接待的是一个有着亿万资产的富翁和他的妻子。富翁为这个侍者买下了一座大酒店，深信他会将这里经营管理好。

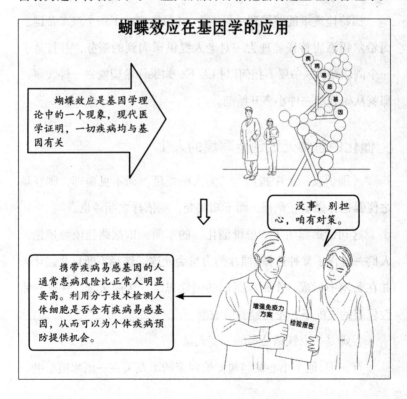

蝴蝶效应在基因学的应用

蝴蝶效应是基因学理论中的一个现象，现代医学证明，一切疾病均与基因有关

疾病易感基因

没事，别担心，咱有对策。

携带疾病易感基因的人通常患病风险比正常人明显要高。利用分子技术检测人体细胞是否含有疾病易感基因，从而可以为个体疾病预防提供机会。

增强免疫力方案

检验报告

这就是全球赫赫有名的希尔顿饭店首任经理的传奇故事。如今，希尔顿饭店被称为"旅店帝国"，目前拥有200多座高楼大厦，它包括纽约市的华尔道夫大酒店和阿斯托利亚大酒店、芝加哥的帕尔默大酒店、佛罗里达州的"枫丹白露"、美国赌城拉斯维加斯的希尔顿大酒店和法兰明高大酒店，以及香港的希尔顿大酒店、上海的希尔顿饭店……这些大厦已成为世界财贸界巨头，乃至国家首脑争相光顾的地方。

希尔顿能够一举成名，靠的就是一件细小的事情。而他把希尔顿酒店打造成世界酒店的大佬，也是蝴蝶效应的印证。

福特捡废纸能够得到一份工作，并最终打造了一个汽车帝国。而希尔顿酒店首任经理为一对老人提供了周到的服务，并打造了一个酒店帝国。一屋不扫何以扫天下，如果你希望能做一件大事，那就从做好每一件小事开始吧。

□僵化的思维无法创造辉煌的人生

《围炉夜话》中指出："为人循矩度，而不见精神，则登场之傀儡也；做事守章程，而不知权变，则依样之葫芦也。"

这句话揭露出了"思维僵化"的本质，依据路径依赖理论，人们一旦作了某种选择，惯性的力量会使这一选择不断自我强化，并在头脑中形成一个根深蒂固的惯性思维。久而久之，在这种惯性思维的支配下，沦为经验的奴隶。

吉姆是一家铁路公司的调度人员。

有一天，他不小心被匆匆忙忙回家的工友关在一辆冰柜车里。

吉姆恐惧地大喊大叫，拼命捶打车厢，但都无济于事，最后只好绝望地坐下来大口喘气。吉姆越想越怕，在零下20摄氏度的冰柜车里自己是必死无疑的，于是用颤抖的手悲痛地写下遗书。

第二天早上，公司人员上班的时候，意外地发现死在冰柜车里的吉姆。让他们奇怪的是车里的冷冻开关并没有开启，巨大的冰柜里也有足够的氧气，而吉姆却给活活"冻"死了。

在震惊之余，人们发现，害死吉姆的就是他的思维定式。

僵化的思维方式不仅无法创造辉煌的人生，有时还会对人的生存和发展造成阻碍。其实，世界上的事物都不是一成不变的，用过去的思维应对当今的世界，则无异于刻舟求剑，不可能取得成功。

有一天，城市青年小董到乡下的亲戚家做客，他在田间看到一位老农把一头大水牛拴在一个小木桩上，就走上前，对老农说："大伯，它会跑掉的。"老农呵呵一笑，语气十分肯定地说："它不会跑掉的，从来都是这样的。"这位城市青年有些迷惑地问："为什么会这样呢？这么一个小小的木桩，牛只要稍稍用点力，不就拔出来了吗？"老农靠近他说："小伙子，我告诉你，当这头牛还是小牛的时候，就给拴在这个木桩上了。刚开始，它不是那么老实，有时想从木桩上挣脱，但是，那时它的力气小，折腾了一阵子还是在原地打转，见没法子，它就蔫了。后来，它长大了，却再也没有心思跟这个木桩斗了。有一次，我拿着草料来喂它，故意把草料放在它脖子伸不到的地方，我想它肯定会挣脱木桩去吃草的。可是，它没有，只是叫了两声，就站在原地望着草发呆了。"

听完这个故事，小董恍然大悟。原来，束缚这头牛的并不是那个小小的木桩，而是它的思维定式。

如果这头牛试着去挣脱一下木桩，它就会获得自己想要的自由，天地之大，任它遨游。甚至，如果老农拿着鞭子用力抽它两下，它也会试着重新挣脱木桩的束缚。假设会有很多，但事实已成定格，如果没有外在的危险，成年后的水牛已经不会去挣脱木桩。

人如果被规矩束缚，最终留给世界的将是一声长叹。别那么

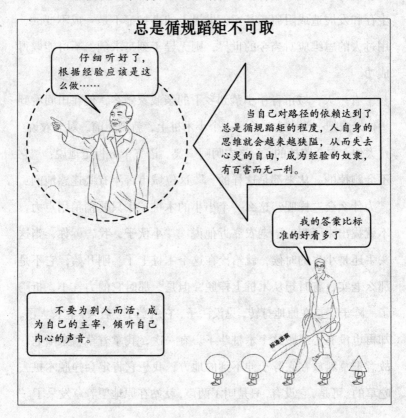

总是循规蹈矩不可取

仔细听好了，根据经验应该是这么做……

当自己对路径的依赖达到了总是循规蹈矩的程度，人自身的思维就会越来越狭隘，从而失去心灵的自由，成为经验的奴隶，有百害而无一利。

我的答案比标准的好看多了

不要为别人而活，成为自己的主宰，倾听自己内心的声音。

标准答案

循规蹈矩，别那么束手束脚，梦想的价值在于行动。古往今来，所有的成功者都是敢于突破常规、特立独行的人，他们大胆地跟着自己的选择走，终成一番伟业。

☐避开急功近利的陷阱

一对双胞胎，哥哥叫大同，弟弟叫小异。大同和小异都爱画画，但两人作画的习惯却不一样。大同喜欢把自己画的画贴在墙上，画完一张贴一张，而小异却总是把画完的画扔到垃圾篓中，画完一张扔一张。看到大同快贴满一面墙的画，妈妈很欣慰，来作客的亲戚朋友也都称赞大同是个小天才，长大了肯定会是一个大画家。而看着小异那被倒掉的一篓篓的画，妈妈和客人总是摇头叹息。

等到大同的画贴满整面墙壁的时候，妈妈帮大同举办了画展：一墙的画，色彩鲜亮，构图完整，人人赞扬，而小异依然只有手头那张未画完的画。

20年以后，人们对大同贴满墙壁的画早已不感兴趣，而小异的画却横空出世，震惊了画坛。家人把大同贴在墙上的画揭下来，扔进了纸篓，又将小异扔在纸篓里的画拾出来，贴在墙上。

大凡成功者，绝不是喊几句"我要成功"之类的口号就能轻易实现目标的。

冰心说："成功的花，人们只惊羡她现时的明艳！然而当初她的芽儿，浸透了奋斗的泪泉，洒遍了牺牲的血雨。"实在是凝聚了很深刻"厚积"与"薄发"的博弈智慧。

曾有人说，这世界上只有两种人，用一个简单的实验就可以把他们区分开来。假设给他们同样的一碗小麦，一种人会首先留下一部分用于播种然后再考虑其他问题；而另一种人则不管三七二十一把小麦全部磨成面，做成馒头吃掉。我们每一个人都渴望成功，然而在通往成功的路上，有人选择厚积薄发，而有人选择了急功近利，而选择的过程本身就是一场博弈。

急功近利的结果往往是浮躁与浅薄，在鲜花与掌声的包围中，即使有一点深刻的东西也会渐趋流俗。

古人诗曰："十年磨一剑。"在这个物欲横流的社会，在市场经济冲击下的人们，大多都急功近利，幻想着不劳而获或者少劳多获的成功，殊不知这只会让他们为成功付出更大的代价，而只有避开急功近利的陷阱，厚积薄发，才是正确的成功思路。

拿破仑在学校读书时，简直笨得出奇。不论是法语还是别的外语，他都不能正确地书写，成绩一塌糊涂。而且，少年时代的拿破仑还十分任性、野蛮。不仅如此，他还袭击比他大的孩子，脸色苍白、体态羸弱的拿破仑却常让他的对手不寒而栗，他家里的人都骂他是蠢材，人们都称他"小恶棍"。在他的自传中，曾这样写道："我是一个固执、鲁莽、不认输、谁都管不了的孩子。我使家里所有的人感到恐惧。其中受害最大的是我的哥哥，我打他、骂他，在他未清醒过来时，我又像狼一样疯狂地向他扑去。"

可是，在这个遭人白眼的孩子的心中，信念的力量悄悄地滋长。他朦胧地意识到自己的与众不同，然而他还未真正地认识它。而且，他心中有一种狂妄而任性的想法：凡是自己想要的东西，都要归自己所有。一天天长大的拿破仑变得更理智、更成熟。他常沉溺于同龄人所无法想象的冥思苦想之中，他又疯狂地迷恋着各种复杂的计算，他已学会了用冷静而彻底计算过的理智很好地控制自己的行动。他惊奇地看到自己表现出来的出色的思考力，第一次真正地认识了自己。他的行动变得果敢而敏捷，富于抗争精神。一种崭新的渴望点燃了他生命的热情，终于有一天，他明白无误地告诉自己："是的，我具有最出色的军事家的素质，权

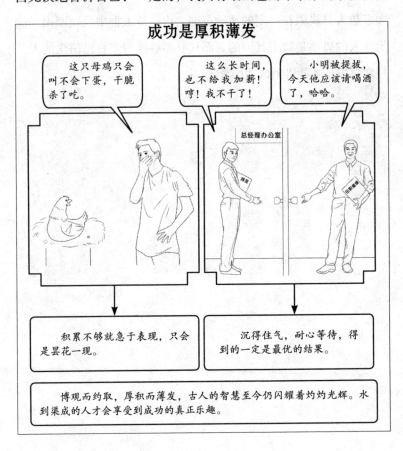

力就是我要得到的东西！"清醒的自我意识一旦形成，便发挥出巨大的推动作用。拿破仑在成功之路上连战连捷，势如破竹。35岁时他登上了法国皇帝的宝座。

拿破仑并不是天生的皇帝，而是执着于自己的信念，才走出自己的一条王道。

人们都希望自己成为天才或者伟人，但是，伟人只是人类中极少的一部分，他们的伟大是相对于平凡而言的。实际生活中，大多数人只局限在一定的活动范围之内，从人群中脱颖而出，成为伟人的概率是微乎其微的。而只有那些执着于自己信念的人并持之以恒，才能得到成功的青睐。

第十章

蜈蚣博弈：
用逆向思维出奇制胜

WU GONG BO YI:
YONG NI XIANG
SI WEI
CHU QI ZHI SHENG

□人生规划的倒推逻辑

有一天，一位青年看到了一位老爷爷，问道："老爷爷，请问你几岁了？"老爷爷笑呵呵地说："我这个人喜欢动脑筋，让我出道题考考你吧！把我的年龄加上 12，再除以 4，然后减去 15，再乘以 10，恰好是 100 岁，好了，你猜猜我的年龄吧！"

不知为什么，这位青年居然被难住了，过了好一会儿都没有说出答案。

这时，从围观的人群中走出了一个小孩子，他大声地说："用 100 除以 10，再加 15 乘 4，最后减去 12，就是 88 岁！"

老爷爷听了他的话，哈哈大笑，说道："不错，我正是 88 岁。"

这个小孩用的就是倒推法。其实，每个人在自己的小学时代都曾用过这种方法来解数学题，只是成年以后，很少有人将这种思维方法，作为自己分析和解决问题的一种思路。

现实生活中，大多数人都有梦想，梦想代表了人们对于人生的美好期待。人们常常把"要为梦想而努力"的话挂在嘴边，但是如果进一步问：你想过该怎样努力吗？这个问题可能多数人都答不上来，这说明这些人没有想过或者没有认真地想过这个问题。事实上，这个问题很重要，它关系到我们的梦想能不能实现或者在多大程度上实现。下面我们来读一则故事，读过之后，相信你会找到这个问题的答案。

这则登在《读者》上的故事描绘了主人公在一位朋友的启示下终于走出实现梦想的第一步的情景。

那时主人公19岁，在美国某城市的一所大学主修计算机，同时在一家科学实验室工作，他酷爱作曲，一直梦想着成为一名优秀的音乐人，出自己的唱片。

出于对音乐共同的热爱，他结识了一位与他同龄、善于作词的女孩，也正是这位聪慧的女孩让他在迷茫中找到了实现梦想的道路。

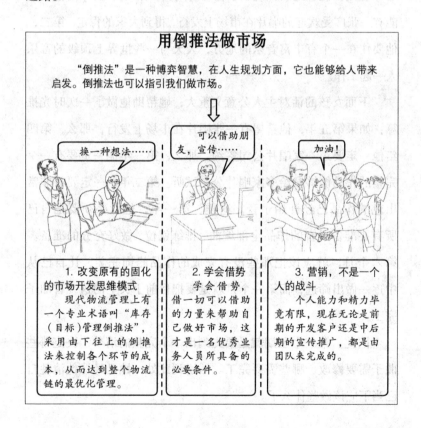

用倒推法做市场

"倒推法"是一种博弈智慧，在人生规划方面，它也能够给人带来启发。倒推法也可以指引我们做市场。

1. 改变原有的固化的市场开发思维模式

现代物流管理上有一个专业术语叫"库存（目标）管理倒推法"，采用由下往上的倒推法来控制各个环节的成本，从而达到整个物流链的最优化管理。

2. 学会借势

学会借势，借一切可以借助的力量来帮助自己做好市场，这才是一名优秀业务人员所具备的必要条件。

3. 营销，不是一个人的战斗

个人能力和精力毕竟有限，现在无论是前期的开发客户还是中后期的宣传推广，都是由团队来完成的。

她知道主人公对音乐的执着，然而，面对那遥远的音乐界及整个美国陌生的唱片市场，他们没有任何渠道和办法。一天，两人仍是静静地坐着，若有所思，但又一无所获，他甚至不知道目前的自己应该做些什么。突然间，她很严肃地问了他一个问题："想象一下，五年后的你在做什么？"他愣住了，不知该如何回答。她转过身来，继续给他解释："你心中最希望五年后的自己在做什么，你那时的生活是什么样的？"

主人公沉思之后，说出了自己的期冀：第一，五年后他希望能有一张广受欢迎的唱片在市场上发行，得到大家的肯定；第二，他要住在一个有丰富音乐的地方，天天与一些世界上顶级的音乐人一起工作。

下面女孩的话对主人公意义重大，她帮助他做了一次时光推算：如果第五年，他希望有一张唱片在市场上发行，那么，第四年他一定要跟一家唱片公司签约。那么，第三年他一定要有一个完整的作品能够拿给多家唱片公司试听。第二年，一定要有非常出色的作品已经开始录音。这样，第一年，他就必须要把自己所有要准备录音的作品全部编曲，排练就位，做好充分的准备。第六个月，就应该把那些没有完成的作品修饰完美，让自己从中逐一做出筛选，而第一个月就是要把目前手头上的这几首曲子完工。

因此，第一个星期就是要先列出一个完整的清单，决定哪些曲子需要修改、哪些需要完工。话说到此处，她已经让他清楚自己当下应该做些什么了。

对于主人公的第二个未来畅想，她继续推演，如果第五年他已经与顶级音乐人一起工作了，那么第四年他应该拥有自己的一个工作室。第三年，他必须先跟音乐圈子里的人一起工作。第二年，他应该在美国音乐的聚集地洛杉矶或者纽约开始自己的音乐旅程。

主人公在这番时光推演中，找到了自己的人生路线，他让未来决定自己当下应该做的事情，第二年，他辞掉了令人羡慕的稳定工作，只身来到洛杉矶。大约第六年，他过着当年畅想的生活。

这个故事读来，意味深长。当你决定要通过努力来实现自己的梦想时，学学这位主人公，做一个大的规划，设想一个你心目中最理想的50岁时的生活图景，然后思考，为了实现梦想，你在40岁时要做到什么，30岁时要做到什么，五年内要达到什么样的目标……为了达到这些阶段性的目标，你现在必须完成哪些事。如果不对人生进行预算和统筹，而任由自己盲目地向前闯，那么你的梦想之舟永远只能在浩瀚的人生海洋中搁浅，你心目中畅想的美好未来也终将化为泡影。

□农村包围城市

1998年，史玉柱注册成立了上海健特公司，再次进军保健品行业。这一次，他将目光瞄准了江苏省江阴市。随即，史玉柱戴着墨镜走村串镇，搬个板凳坐在院子里跟老人们聊天。从聊天中，史玉柱不但了解到哪种功效、多少价位的保健品最适合老人，而且知道了老人们一般舍不得自己买保健品，也不会张口向子女要。

这些细小琐碎的需求累积起来，促使"今年过年不收礼，收礼还收脑白金"的口号应运而生。

进入保健品行业后，史玉柱很快发现这个行业的一个致命弱点，那就是全部把目光盯在北京、上海、广州等几座大城市，根本不重视中小城市和农村市场。

"中国市场是金字塔形的，塔尖部分是北京、上海、广州，往下是大中城市、小城市，塔基是广大的农村地区。其实市场越往下越大，下面消费者没有想象中那么穷，消费能力也不弱。一线城市你全占满了，也还不到下面市场的1/10。"

史玉柱把他农村包围城市的脑白金式营销方式复制过来，很

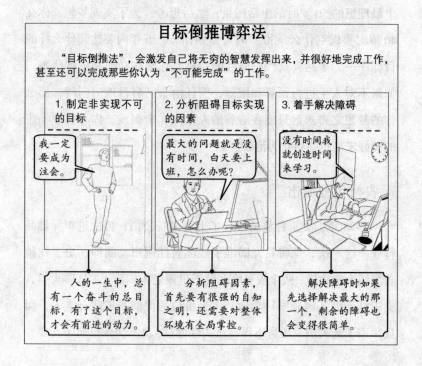

目标倒推博弈法

"目标倒推法"，会激发自己将无穷的智慧发挥出来，并很好地完成工作，甚至还可以完成那些你认为"不可能完成"的工作。

1. 制定非实现不可的目标	2. 分析阻碍目标实现的因素	3. 着手解决障碍
我一定要成为注会。	最大的问题就是没有时间，白天要上班，怎么办呢？	没有时间我就创造时间来学习。
人的一生中，总有一个奋斗的总目标，有了这个目标，才会有前进的动力。	分析阻碍因素，首先要有很强的自知之明，还需要对整体环境有全局掌控。	解决障碍时如果先选择解决最大的那一个，剩余的障碍也会变得很简单。

快就在几乎所有中小城市和1800个县建起了办事处，并很快占据了市场优势。

对一家网游公司而言，"在线玩家人数"的重要性不言而喻。吸引更多玩家，也是史玉柱的重要工作。2007年8月，在《巨人》尚未推出之际，史玉柱便雄心勃勃地向外界宣布，三年内要将营销队伍扩充到2万人（当时的营销队伍是2000人）。在中等城市，"征途"占有网吧墙面等80%的战略性资源，其余所有同行只能分享其余20%，而在小城市和县城，"征途"的优势更明显。史玉柱扩大营销网，目的是将渠道做深做透，以抢占日益增长的二、三级城市的网络游戏市场。

"网络游戏的营销方式是国内所有产业中最落后的。"史玉柱曾不止一次抨击国内网络游戏公司的推广方式，"这个行业的人不注重消费者研究。"

当时有业内人士评论说，史玉柱是在用卖保健品等传统产业的营销方式来推广网络游戏。史玉柱由农村到城市的推广模式，一次次取得了成功，这和他倒推的博弈智慧不无关系。

□冬天开业的冰激凌店

遭遇金融危机，企业家信心指数大跌。实际上管理者大可借鉴蜈蚣博弈的逆向思维法，以积极的心态应对危机，这是台湾"经营之神"王永庆的成功法宝之一。王永庆有一句名言："卖冰激凌应该在冬天开业。"他解释说："冬天，顾客少，必须全心全意倾尽全力去推销，并且要严格控制成本，加强服务，使人家乐意来买。这样一点一滴建立基础，等夏天来临，发展的机会到了，力量便一下子壮大起来。"这就像瘦鹅，在困难时期锻炼出了很好的胃口与很强的消化力，只要一有食物吃，立刻就肥大起来。同样地，在经济不景气的状态下，企业如果"饿不死"，一遇到经济复苏，其高速发展是必然的。

1980 年，美国经济陷入低潮，石化工业普遍不景气，关闭、停产的化工厂比比皆是。经济萧条期间，许多企业家抱着观望的态度，不敢贸然行动，那些濒临倒闭的石化厂虽然亏本出售，却仍无人问津。王永庆苦苦等待的时机终于来了，他发动攻势，以出人意料的低价，买下德克萨斯州休斯敦的一个石化厂。德克萨斯州是美国石油蕴藏量最丰富的一个州，而且油质非常好。王永庆在那儿筹建全世界规模最大的 PVC 塑胶工厂，年产量 48 万吨。

王永庆在第二年又以迅雷不及掩耳之势在美国的路易斯安那州和特拉华州各买下了一个石化厂。1982 年，王永庆更以 1950 万美元买下了美国 JM 塑胶管公司的八个 PVC 下游厂。王永庆的这些大胆举动令同行大为不解，他们用疑惑的目光注视着他，议论纷纷。

王永庆自然有他的道理：在经济不景气的时候进行投资，收购或建厂的成本比较低，可增加产品的竞争能力；而且，经济现象大都遵循一定的周期规律，有落必有涨，兴建一座现代化工厂需要一年半到两年时间，在经济不景气时建厂，等到建设结束时，市场正处于复苏之中，正好赶上销售良机。

但后来的情况没有完全按照王永庆的设想发展，直至这些厂的改造或重建工作完成并进入投产阶段后，美国的经济仍未复苏。

而且，这些收购的工厂也或多或少存在些问题，王永庆在接管后没能迅速扭转局面，甚至出现了亏损。

面对多家在美企业的亏损状况，王永庆却表现得十分坦然。他认为，经营企业不能只看眼前，一开始就赚钱的企业反而是危险的，因为那样的话容易令人松懈。亏损，就是对经营者的惩罚，希望他赶快改善，而企业经营管理的改善比一开始就赚钱重要得多。

王永庆冷静地分析了在美国买下的几家工厂的历史与现状：美国企业具有良好的经营背景，有比较完善的管理制度，信息化程度也比较高，这是企业今后发展的有利条件。但是，由于美国工人长期处于一个富裕安定的环境，企业的创新与进取意识逐渐减退，从而导致生产效益地不断降低。

王永庆对症下药，进行了大规模的裁员。经过精简，路易斯安那州工厂的员工从 406 人降至 300 人，特拉华州工厂的员工从 400 人降至 220 人。王永庆一方面裁减美籍员工，另一方面则输入大量的中国台湾的员工。在美国裁员，当然不是一件轻而易举的事，美国工人文化素质高，权利意识强，他们举行了示威、游行，甚至对王永庆进行恐吓、威胁。

一天，王永庆乘车前往收购工厂视察，工厂门口一些游行示威的工人居然用砖块向他的车砸去。安保人员劝王永庆返回，王永庆却坦然不惧，他反而跨出车门，昂首挺胸向前走，这种"泰山崩于前而色不变"的气概使那些极度愤怒的示威者安静下来，他们震惊地看着王永庆，相持片刻后，终于不驱而散。由于王永庆的勇气和坚持，工厂的整改工作得以顺利进行。

王永庆接下来还要处理另外一个大麻烦。原以为购买人家的旧厂房和设备省下了不少钱，后来才发现，修改与整顿一个陈旧的工厂，比兴建一座新的现代化工厂还要困难。面对困难他与到达美国的台湾员工一起针对生产管理与技术，逐项进行个案研究改善。一位观察分析家感慨地撰文写道："在得克萨斯州的工厂中，我看到台塑的工程师夜以继日地辛勤工作，他们努力奋斗的精神，令人敬佩。"经过台塑人的辛勤奋斗，这几家工厂的面貌有了彻底改观，生产很快走上了正轨。

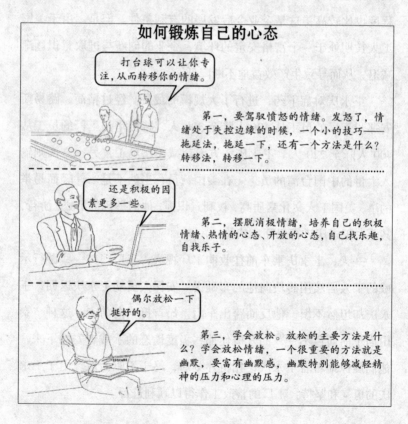

1983 年初，石油每桶下跌 5 美元，并且美国经济开始复苏，塑胶产品的市场需求量大增。台塑在美国的几家工厂在淡季时已经完成了整改，提升了竞争力，市场旺季一到，企业立即蓬勃发展。到 1983 年底，王永庆在美国的 PVC 厂每年的产量共计达 39 万吨，加上台塑原有的 55 万吨生产能力，合计年产量达到 94 万吨，台塑企业成了世界上产量最大的 PVC 制造商。

王永庆在经济衰退期保持着积极进取的心态，危机中能够冷静地进行反思，最终成为博弈中的胜者。他的经历值得每一个人借鉴学习。

□贬低自我让对方知难而退

对那些既没有什么实际意义又浪费时间与精力的活动，我们要进行拒绝，可以采取自我贬低的方法。"自我贬低"是一种特殊形式，表示自己无能为力，不愿做不想做的事。也就是说："我办不到！所以不想做！"

心理学的调查发现，人们的确有在日常生活中自我贬低的现象。例如，在上班族中，有 12% 的人曾对上司装过傻，而 14% 的人对同事装过傻。虽然它跟"楚楚可怜"法一样，会导致别人对自己的评价降低，但令人惊讶的是，仍有一成以上的人是在自己有意识的情况下用了这个办法。

根据工作的内容，"无能"的内容也应有所不同。例如：

别人要求你处理电脑文档资料时——

"电脑我用不好，光一页我就要打一个小时，说不定还会把重要的资料弄丢！"

别人要求你做账簿时——

"我最怕计算了，看到数字我就头痛！"

不过，所表明的"无能"的理由不具真实性，那可就行不通。例如，刚才要求处理电脑资料的例子，如果是在电脑公司，说这种话谁信！后面那个例子，如果发生在银行，也绝对会显得很突兀。平常很少接触到的工作，说这种话时，可信度就越大。所以要说"我没做过""我做得不好"这些话的时候，这些话一定要具有可信度才行。

"自我贬低"如果使用过度，很容易给人留下"无能""不可靠"的印象；而当自己反过来想求人帮忙时，被拒绝的概率也会大幅提高。因此要注意，不要使用过度。

使用"自我贬低"的第一重点就在于慎选使用的场合，也就是只在与自己的工作无关的地方使用。

举个极端的例子。如果一个跑业务的说"我在别人面前讲话会很紧张"，以此拒绝参加公司的会议，那么这对他来说可是致命伤；但如果是做研究工作的人说这种话，那就另当别论，效果完全不同。要自我贬低时，切记：只针对自己不重要的部分来贬低自己。

第二个重点是，尽量避免招来"无能"或"不可靠"的负面印象。记住善用"如果是某某就没问题，但这件事我实在心有余而力不足"这句话。例如：

"对文字处理机我还有办法，可是资料输入我真的不行！"

"公司旅行的账目我倒是做过，但太复杂的东西我没自信能做好！"

这么说总比直接拒绝对方好，而且这种说法听起来比较具有真实性，也比较容易成功。

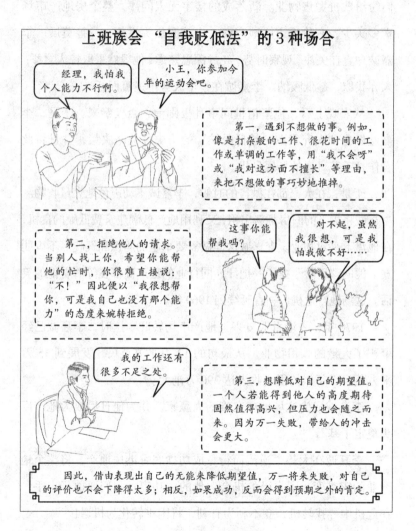

上班族会"自我贬低法"的3种场合

经理，我怕我个人能力不行啊。

小王，你参加今年的运动会吧。

第一，遇到不想做的事。例如，像是打杂般的工作、很花时间的工作或单调的工作等，用"我不会呀"或"我对这方面不擅长"等理由，来把不想做的事巧妙地推掉。

第二，拒绝他人的请求。当别人找上你，希望你能帮他的忙时，你很难直接说："不！"因此便以"我很想帮你，可是我自己也没有那个能力"的态度来婉转拒绝。

这事你能帮我吗？

对不起，虽然我很想，可是我怕我做不好……

我的工作还有很多不足之处。

第三，想降低对自己的期望值。一个人若能得到他人的高度期待固然值得高兴，但压力也会随之而来。因为万一失败，带给人的冲击会更大。

因此，借由表现出自己的无能来降低期望值，万一将来失败，对自己的评价也不会下降得太多；相反，如果成功，反而会得到预期之外的肯定。

□李嘉诚的成功抄底

1966 年年底，低迷了近两年的香港房地产业开始复苏。但就在此时，香港掀起了一股移民潮。移民者自然以有钱人居多，他们纷纷贱价抛售物业。新落成的楼宇无人问津，整个房地产市场卖多买少，有价无市。地产商、建筑商焦头烂额，一筹莫展。李嘉诚一直在关注、观察时势，经过深思熟虑，他毅然采取惊人之举：人弃我取，趁低吸纳。李嘉诚在整个大势中逆流而行。

从宏观上看，他坚信世间事乱极则治，否极泰来。于是，李嘉诚做出"人弃我取，趁低吸纳"的历史性战略决策，并且将此看作是千载难逢的拓展良机。

于是，在大家都在抛售的时候，李嘉诚不动声色地大量收购。李嘉诚将买下的旧房翻新出租，又利用地产低潮建筑费低廉的良机，在地盘上兴建物业。李嘉诚这样做需要卓越的胆识和气魄。不少朋友为他的"冒险"捏了一把汗，同行业的地产商都在等着看他的笑话。这场地产危机，一直延续到 1969 年。

1970 年，香港百业复兴，地产市场转旺。这时，李嘉诚已经聚积了大量的收租物业。从最初的 12 万平方英尺，发展到 35 万平方英尺，每年的租金收入达 390 万港元。

李嘉诚成为这场地产灾难的大赢家，并为他日后成为地产巨头奠定了基石。

李嘉诚在大势中逆流而行，成功抄底香港房地产，将整个地产业的灾难变成了自己的机会。他的成功启示我们要敢于出手，在危机中寻找转机，变不利为有利，将困难转化为机遇！

第十一章

脏脸博弈：
别人也可以成为你的镜子

□谁的脸是最脏的

有三个人，每个人的脸都是脏的。设定没有任何一个人有镜子，因此每个人只能够看到别人的脸是脏的，但无法知道自己的脸是否是脏的。

美女进来说：你们当中至少一个人脸是脏的。三人环看，没有反应。美女又说：你们知道吗？三人再看，顿悟，脸都红了。为什么？

因为三个人中的任何一个人都知道另外两个人的脸是脏的，因此"至少有一个人的脸是脏的"这句话充其量只是把事实重复了一遍而已，然而它却是具有"信号传递"作用的关键信息，它使三个人之间拥有共同信息成为可能。假定三个人都具有一定的逻辑分析能力，那么至少将有一人能够确切地知道自己的脸是否是脏的！

下面进行简单推理（为了论述方便，将三个人进行人为排序，并依次命名为 A、B、C）：

（1）A 只能看到 B、C 的脸是脏的，这符合"你们三人的脸至少有一人是脏的"的描述，因此 A 无法确切地告诉"自然"自己的脸是否是脏的；但这隐含着 B、C 的脸不可能都是干净的，否则 A 若观察到 B、C 的脸都是干净的，那么 A 就可以果断地判断出自己的脸是脏的，即 A 不能够确定自己的脸是否是脏的。

（2）B 得知 A 无法确切地说出自己的脸是否是脏的，得知"B、C 的脸不可能都是干净的"这一推论，但他同时又看到 C 的脸是脏的，这符合"你们三人的脸至少有一人是脏的"的描述，因此 B 依然无法确切地说出自己的脸是否一定是脏的。

（3）C 根据 A、B 不能够确切地说出他们各自的脸是否一定是脏的已知事实，肯定可以推断出自己（C）的脸一定是脏的。推理如下：

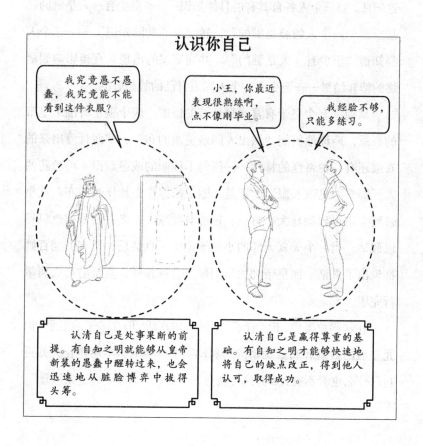

认识你自己

我究竟愚不愚蠢，我究竟能不能看到这件衣服？

小王，你最近表现很熟练啊，一点不像刚毕业。

我经验不够，只能多练习。

　　认清自己是处事果断的前提。有自知之明就能够从皇帝新装的愚蠢中醒转过来，也会迅速地从脏脸博弈中拔得头筹。

　　认清自己是赢得尊重的基础。有自知之明才能够快速地将自己的缺点改正，得到他人认可，取得成功。

联系（1）、（2）进行反向推理，由于（1）"A无法确切地告诉'自然'自己的脸是否是脏的，隐含着B、C的脸不可能都是干净的"；（2）"若C的脸是干净的，那么B一定能够确切地知道自己（B）的脸是脏的"。但是B无法做出判断的事实，等于给C传递了一个信号，C根据A、B共同传递的信号，来判断自己的脸一定是脏的。

"脏脸博弈"告诉我们，"你们三人的脸至少有一人是脏的"这句话，将三个人各自具有的具体知识——"至少有一人是脏的、甚至至少两个人的脸是脏的"，转变为"共同知识"——三个人都知道"至少有一人是脏的"。共同知识的出现，直接影响到最终的博弈结果——至少有一个人知道自己的脸是脏的。

从前，有个皇帝有喜欢穿新装的怪癖。两个骗子看准了皇帝的心思，声称他们能"织出人间最美丽的布"，"而且缝出来的衣服还有一种奇怪的特性——任何不称职的或愚蠢得不可救药的人，都看不见该衣服"。于是，骗子扭捏作态地比画织布。从皇帝到大臣再到朝廷大小官员，谁都自欺欺人。老百姓最初也只得说假话。当一个天真无邪的小孩子说出了真话后，所有的老百姓都说出了真话。而皇帝和大臣们硬是装模作样，直至游行大典举行完毕。

在这则故事中，说"看不见"是一句真话，但在骗子的近乎"诅咒"般的话语和利益关系的"利诱"下，"谁也不愿意让人知道自己什么也看不见，因为这样就会显出自己不称职，或是太愚蠢"。

□谎言重复成真话

假作真时真亦假，善于把谎言说成真理，只要细细体味真与假之间转换的奥妙之处，就能把这样一种武器为我所用。谎言被重复一千遍，就变成了真话。这话有一定的道理，在生活中，很多人都经不住谗言的反复攻击，以致把谎言当成真理。

战国时代，各国互相攻伐，为了使大家能真正遵守信约，国与国之间通常都将太子交给对方作为人质。魏国大臣庞葱，将要陪魏太子到赵国去做人质，临行前对魏王说："现在有个人说街市上出现了老虎，大王相信吗？"魏王道："我不相信。"庞葱说："如果有第二个人说街市上出现了老虎，大王相信吗？"魏王道："我有些将信将疑了。"庞葱又说："如果有第三个人说街市上出现了老虎，大王相信吗？"魏王道："我当然会相信。"庞葱就说："街市上不会有老虎，这是很明显的事，可是经过三个人一说，好像真的有老虎了。现在赵国国都邯郸离魏国国都大梁，比这里的街市远了许多，议论我的人又不止三个。希望大王明察才好。"魏王道："一切我自己知道。"庞葱陪太子回国，魏王果然没有再召见他了。

街市是人口集中的地方，当然不会有老虎。说街市上有虎，显然是造谣、欺骗，但许多人这样说了，如果不是从事物真相上看问题，也往往会信以为真的。在这方面，即使是曾子母亲那么明智的人，也常常会受别人的迷惑。

在孔子的学生曾参的家乡费邑，有一个与他同名同姓也叫曾参的人。有一天他在外乡杀了人。顷刻间，一股"曾参杀了人"的风闻便席卷了曾子的家乡。

第一个向曾子的母亲报告情况的是曾家的一个邻人，那人没有亲眼看见杀人凶手。他是在案发以后，从一个目击者那里得知凶手名叫曾参的。当那个邻人把"曾参杀了人"的消息告诉曾子的母亲时，曾母听了邻人的话，一边安之若素、有条不紊地织着布，一边斩钉截铁地对那个邻人说："我的儿子是不会去杀人的。"

没隔多久，又有一个人跑到曾子的母亲面前说："曾参真的

善于利用谎言

无商不奸，你是做慈善的？

聪明的人善于利用谎言为自己谋取更多的福利。通过谎言为自己包装造势，以便达到自己的目的。

母亲节快乐！

谎言在不违背法律道义的情况下，能够达到亲情友情人际关系的和谐，也是挺好的选择。

在外面杀了人。"曾子的母亲仍然不去理会这句话，照常织着自己的布。

又过了一会儿，第三个报信的人跑来对曾母说："现在外面议论纷纷，大家都说曾参的确杀了人。"曾母听到这里，她害怕这种人命关天的事情要株连亲眷，因此顾不得打听儿子的下落，急忙从僻静的地方逃走了。

以曾子良好的品德和慈母对儿子的了解、信任而论，"曾参杀了人"的说法在曾子的母亲面前是没有市场的。然而，即使是一些不确实的说法，如果说的人很多，也会动摇一个慈母对自己贤德儿子的信任。

□让他三尺又何妨

这个故事说的是清代一位京城官员张英在老家的亲戚和邻居因为宅院发生纠纷，两家对簿公堂。亲戚便给京城官员写信，想让他给地方政府打个招呼照顾一下。这位官员提笔回信：千里修书只为墙，让他三尺又何妨。万里长城今犹在，不见当年秦始皇。家人看到后，羞惭无比，遂于邻居和好如初。

人与人之间需要相互帮助和忍让，缺少这两样便什么事也干不了。不要斤斤计较、小题大做，在给对方设一道门的时候，其实也把自己堵在了门外。

两个人在一架独木桥中间相遇了，桥很窄，只能容一个人通过。两人都想着让对方给自己让路。一个说："我有急事，你让我先过。"另一个人说："我们谁也不愿让，那就同时侧身过桥。"

两人一想也对，就侧过身子脸贴脸地过桥。这时一个人暗暗推了另一个人一把，另一个在挣扎中抓住了他，两人同时掉进了水里。墨子说："恋人者，人必从恋之；害人者，人必从害之。"构建平和的心境，争一步不如让一步，这也是自己得到方便的根源。

做人是一生的学问，凡是在争来争去中度过时光的人，都算不上真正懂得做人底线的智者。与之相反，"求让"则是保证能够安心做事的重要的做人底线。

"争"与"让"的区别在于："争"在于不失分寸，"让"在于敢舍一切。如果用"争"的方法，你绝不会得到满意的结果；但用"让"的方法，收获会比预期的高出许多。语言的杀伤力也是巨大的，如果你非要在嘴劲上争一下，倒不如让步为好。

承认自己有错让你有些难堪，心中总有些勉强，但这样做可以把事情办得更加顺利，成功的希望更大，带来的结果可以冲淡你认错的沮丧情绪。况且大多数情况下，只有你先承认自己也许错了，别人才可能和你一样宽容大度，认为他有错。这就像拳头出击一样，伸着的拳头要再打人，必须要先收回来方有可能。

遇到争论时，首先做出让步，这是有礼貌的表示，而不是伤面子的行为。如果执意争吵，只会对双方都造成伤害。因此，快速、真诚地让步，承认自己的错误，你与对方的距离拉近了，在他觉得你真诚的情形下，他也会真诚地待你了。

当你对的时候，你就要试着温和地、有技巧地使对方同意自己的看法；而当你错了，就要迅速而真诚地认错。这种技巧不但能产生惊人的效果，而且会把办不成的事办成。人们最容易被"让"

所打动，最容易被"争"所激怒。"让"与"争"关系的选择，可以说常为低调做人的智者所把握，成为他们行之有效的做人方式。

在这个世界上，没有完全绝对的事情，就像一枚硬币一样具有它的两面性。这就告诫我们做人做事都不要太绝对，要给自己和他人留有余地。

著名的哲学家、教育家苏格拉底曾经说过："一颗完全理智的心，就像是一把锋利的刀，会割伤使用它的人。"

在一个春天的早晨，房太太发现有三个人在后院里东张西望，她便毫不犹豫地拨通报警电话，就在小偷被押上警车的一瞬间，房太太发现他们都还是孩子，最小的仅有14岁！他们本应该被判半年监禁，房太太认为不该将他们关进监狱，便向法官求情："法官大人，我请求您，让他们为我做半年劳动作为对他们的惩罚吧。"

经过房太太的再三请求，法官最后终于答应了她。房太太把他们领到了自己家里，像对待自己的孩子一样热情地对待他们，和他们一起劳动，一起生活，还给他们讲做人的道理。半年后，三个孩子不仅学会了各种技能，而且个个身强体壮，他们已不愿离开房太太了。房太太说："你们应该有更大的作为，而不是待在这儿。记住，孩子们，任何时候都要靠自己的智慧和双手吃饭。"

许多年后，三个孩子中一个成了一家工厂的主人，一个成了一家大公司的主管，而另一个则成了大学教授。每年的春天，他们都会从不同的地方赶来，与房太太相聚在一起。

房太太就是"得理让三分"的典范。"人活一口气,佛争一炷香。"

这是一个人在被人排挤，或者被人欺侮时，经常说的一句急欲"争气"的话。

其实也未必如此，试想一下，一个人究竟能有多大的气量？大不了三万六千天，这还是极少数。就像张英说的那样，"万里长城今犹在，不见当年秦始皇"。"千里捎书为堵墙"，却不如得饶人处且饶人，"让他三尺又何妨"。这方面，不管是古人还是今人，有好多值得我们学习的地方。

"得理不让人，无理搅三分。"这是普通人常犯的毛病。其实，世界上的理怎么可能都让某一个人占尽了？所谓"有理""得理"在很多情况下也只是相对而言的。凡事皆有一个度，过了这个度就会走向反面，"得理不让人"就有可能变主动为被动，反过来说，如果能得理且让人，就更能体现出一个人的气量与水平。给对手或敌人一个台阶下，往往能赢得对方的真心尊重。

人情翻覆似波澜。今天的朋友，也许将成为明天的对手；而今天的对手，也可能成为明天的朋友。世事如崎岖道路，困难重重，因此走不过的地方不妨退一步，让对方先过，就是宽阔的道路也要给别人三分便利。这样做，既是为他人着想，又能为自己留条后路，多一个朋友多一条路。

第十二章

管理博弈：
让员工自己跑起来

□ 给员工一个美好愿景

一说到本田汽车，估计已经是家喻户晓了，但是对于本田摩托车，大家又知道多少呢？其实，本田摩托车才是真正让本田品牌名扬天下的龙头老大。20 世纪 70 年代初，本田摩托车在美国市场上销量一直都很好，可是本田宗一郎却突然下达了"进军东南亚市场"的战略总攻令。一开始，很多人都不明白，为什么放着销量一路走俏的美国市场不做，非要进军生活水平低下的东南亚呢？面对这些疑惑，本田宗一郎拿出了一份十分详尽的调查报告，并解释说："从这些数据中，我们可以知道，美国经济即将进入新一轮的衰退，摩托车市场的低潮也即将来到。假如我们只盯着美国市场不放，一旦有什么风吹草动势必会让我们损失惨重。而东南亚的摩托车市场现在虽然不是很好，但是数据显示东南亚的经济正处于复苏阶段，并且已经开始腾飞了，不出多久，这将是一片很广阔的市场……"

本田宗一郎深入实际的调查所得出的结论让每一个人都深深折服，从此，本田将"进军东南亚"作为企业的一个美好愿景，并不断朝着这个愿景不懈努力。一年半以后，美国经济果然江河日下，许多企业产品滞销、库存剧增，甚至倒闭破产。与此同时，东南亚经济快速增长，摩托车市场非常大，而本田公司因为未雨绸缪，提早做好了准备，因此在进军东南亚市场的过程中十分顺利，并借此奠定了本田摩托车世界霸主的地位。

本田摩托车的成功博弈，离不开本田公司的创始人本田宗一郎打造世界级品牌的企业愿景。本田公司在打造世界级品牌的宏伟愿景引导下，一步步走向成功、引领未来。愿景是一个比目标更大更好的宏伟蓝图，它不断提醒着企业的全体员工努力向前，不断促使人们将注意力集中在将来，对人们产生一种切实的激励效果。

愿景博弈，其产生的深层次的动因何在？归根结底源于人们内心渴望归属于某一项重要的任务、事业或使命。明确的企业愿景能够增强企业员工内在的驱动力，让大家能够为同一个共同理想而拼搏奉献。

如果没有共同愿景，无法想象 AT & T、福特、苹果电脑能取得如此骄人的成就。这些公司由其领导人所创造的愿景分别是：裴尔（Theodore Vail）想要完成费时五十多年才能达成的全球电话服务网络；亨利·福特想要使一般人，不仅是有钱人，能拥有自己的汽车；乔布斯（Steve Jobs）、渥兹尼亚（Sieve wozniak）以及其他苹果电脑的创业伙伴，则希望电脑能让个人更具力量。

马丁·路德·金的愿望是有一个人们相互尊重的世界。在他的那篇世界闻名的《我有一个梦想》的演讲中，描绘了一个他的孩子不再由皮肤的颜色，而是通过他们的品格修养来加以判断的美好世界。他为兄弟情谊、尊重和自由的价值塑造了一个高大和具体的形象，这一价值观在美国乃至全世界都引起了共鸣，这就是愿景博弈的魅力。

企业愿景是企业的存在宣言，它阐明了企业存在的理由和根据，同时揭示企业存在的目的、企业走向何方以及企业生存的意义等根本性问题。一个真实的愿景不仅表明了一个公司是干什么的，也代表了公司所提供的产品和服务，而且是公司生存的根本原因。

联想取得的举世瞩目的辉煌业绩，谱写了中国企业发展史上一个传奇。固然联想的成功与良好的机遇分不开，促成一个企业成功的要素众多，但是在同一时代、同一块土壤上那么多企业中，中关村旗舰"两通两海"没有发展起来，而这本身就说明联想的确具有自己独到的成功之处。联想成功的秘密是什么？就是企业愿景。

企业愿景具有强烈的感召力，催人奋进，以至令人难以抗拒，没有人愿意放弃它。柳传志一直将"大规模的、长久的、高科技的联想"作为联想的企业愿景，正是这一将联想做成"百年老店"的愿景促使老一辈联想创业者精诚团结，拼搏奋斗，联想在中关村脱颖而出，并迅速成长为一家国内外知名企业。

在联想 2000 年上半年工作总结会会议上，杨元庆在"未来的联想"主题报告中描绘了未来的联想应该是"高科技的联想、服务化的联想、国际化的联想"。

"高科技的联想"意味着联想在研究开发上的投入逐年增加，研发人员在公司人员中的比重逐渐提高，产品中自己创新技术的含量不断提升，公司研发领域不断加宽、加深，尤其是要逐渐从产品技术、应用技术向核心技术领域渗透，技术将不仅是为公司产品增值，使其更有特色，同时也将成为公司利润的直接来源。

"服务化的联想"有两个方面的含义：一个方面是服务（包括信息服务、IT 系统服务和 ITI41 等）将成为公司业务支柱之一；

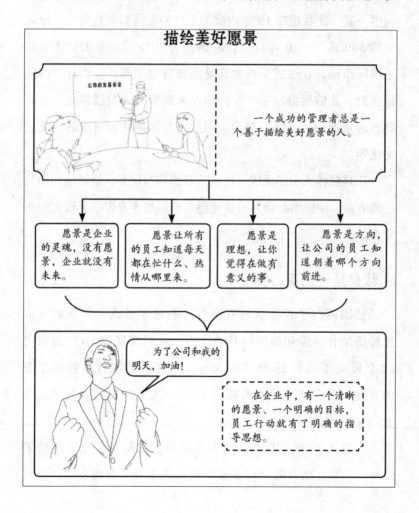

另一方面是联想将使服务成为融入公司血液的 DNA，即联想的每个员工都要有很强的客户意识和客户体验，每个员工都应该有充分的服务意识。

"国际化的联想"，在 2000 年考察完国际著名公司期间，柳传志和几位副总裁曾举手立誓，"我们一定要和联想的全体同事一起，使联想在 10 年内成为全球领先的高科技公司，进入全球 500 强"。10 年以后，联想公司 20%～30%的收入来自于国际市场，联想的干部尤其是高级管理干部，应该具有国际化视野，能够根据国际产业的情况来制定公司发展战略，公司的管理水准达到国际一流，公司具有与国际化相对应的人才、文化等。

正是柳传志和杨元庆一次次为联想描写愿景，清晰地勾勒其发展方向，使得雄心勃勃的企业愿景给联想本身带来了极大的驱动力。

☐裁员是一把双刃剑

德国西门子首席执行官彼得·勒舍尔承认，为缓解因世界经济增长放缓和油价飙升的压力，顺利实现 2010 年前节省 12 亿欧元（约合 19 亿美元）开支，尤其是在行政管理方面的开支，将在全球范围内裁员 1.72 万人，约占其目前员工总数的 4%。

"进入 2008 年以来，我们先后裁员的数量已几乎达到了 50%。"某食品有限公司董事长耿兵先十分无奈地表示。这只是 2008 年全球金融风暴爆发后，众多裁员企业中的一家企业而已。

"裁员"作为企业在危急或者变革之际最常用的招数，再次被众多企业拿来解决燃眉之急。

在经济疲软面前，"裁员"这一招数在某种程度上确有奇效，迅速缩减企业开支，甚至降低企业生产成本，但也有可能造成公众与员工对企业信心的急速下降而造成难以挽救的颓势。

但裁员并不是一劳永逸的。裁员在带来明显的正面收益的同时，也可能带来负面的影响。一项实证研究结果显示：①裁掉10%的员工仅会使成本下降 1.5%；②在三年中，裁员的公司的股票价格平均上涨 4.7%，而规模相同却没有裁员的公司的股票价格上涨了 34.3%；③仅有一半裁员的公司的利润率有所上升；④裁员对生产力的提高没有决定性的影响。甚至有的企业在采取裁员行动之后迎来的不是财务绩效的改善和企业价值的提升，反而是企业的迅速衰败。究其原因，最主要的是在于企业只看到裁员这把双刃剑的"正刃"而没有看到"反刃"。

"企业裁员活动不当很容易引导人们产生对该企业的不信任感，影响社会对该企业的评价，从而削弱其在市场的品牌价值和社会形象。"河南省社科院副院长刘道兴说，裁员还会对企业的产品销售造成不利的影响。

在解决企业生产成本上扬的问题时，减少人力资源成本可以借鉴国外的先进经验。同时，在国家有关政策允许的条件下，对企业员工工资进行合理调节——可以出现短暂的回调。纽星能源

管理者如何做好裁员工作

在面临裁员时,管理者如何才能明智而真诚地尽量减轻员工的情绪波动?哈佛大学的斯蒂文·罗宾斯教授对此提出下面几条建议帮助公司度过"裁员"阵痛期,并能有效地防止潜在隐患。

1. 事实和数据胜于一切陈词滥调。

当裁员已经无法避免时,一定要让员工明白为什么。要向大家说明市场份额的数字变化,说明竞争对手的具体进展,等等。

2. 尽可能亲临现场。

在公司进行大面积裁员时,CEO作为公司最高管理层的代表,也必须尽可能多地让员工看到自己真诚的努力。如果不能亲临现场安慰员工,也至少要写一封言辞恳切的解释信"致广大员工"。

3. 帮助员工寻找新老板。

公司能出面帮助员工做新职介绍,将会使所有员工(包括在职的和被辞退的)明白,公司是尊重他们的,而不仅仅是把他们当作某种资源物质来被管理。

是世界 500 强之一，成立于 2001 年，总部位于圣安东尼奥，拥有 9113 米的输油管和 85 座终端设备，2007 年其营业额达 58 亿美元。纽星能源的管理哲学是：如果你好好工作，那么你将永远不会失业。公司高层将裁员视为"有害于生产力的东西"，因为裁员会"使员工道德腐化，带给员工恐惧"。

不裁员的政策使得纽星能源公司保留了一大批忠实的员工。2008 年 9 月的艾克飓风，使公司在得克萨斯的终端设备受损严重，许多员工在风暴中失去了家园。但他们依然在第二天就投入工作中，试图抢修设备并使其正常运转。一位雇员说道："在一个把员工看作最宝贵财产的公司里工作，是一种荣誉。"

不裁员的文化往往会产生一种道德感化力，这种看不见、摸不着的力量有可能会给企业的实际经营带来很大益处。

裁员与否，作为企业自身行为的一部分，自有其经济规律在其中。并非说不裁员就完全是对的，这必须与企业的真实需求挂钩。淘汰过剩的生产力是一种很自然的行为。但企业在裁员之前，首先要想清楚自己为什么裁员，这样做是否值得。

微软也宣布了 5000 人的裁员计划，但该公司表示，未来 18 个月内计划另外补充约 2000 ~ 3000 个职位，新补充的人员将为微软面向未来的新战略服务，其中包括网络服务、搜索和云计算等领域。微软裁员显然不是为了单纯缩减成本，而是有其战略上的深意。

☐ 激励比惩罚更有效

经常看到绿地、花园边上树立着牌子："偷盗花草者罚款。"但花草被偷事件仍时有发生。有一个植物园写着"凡举报偷盗花木者，奖励若干"，令人诧异的是，这个植物园艺花木保护得很好。

从这个例子中可以看出，与惩罚相比，激励更有效。

其实这样的例子有很多。一些调皮捣蛋的学生，总让老师无计可施。老师让班长监督那些调皮捣蛋的学生，发现一次即受严重的批评，甚至开除。但作用并不大，因为调皮捣蛋的学生太多，即使班长再敬业，也监督不过来。后来，教师采取了一项措施，不守纪律的学生，如果规规矩矩，不违反纪律，就给予奖励，这样，那些学生都变得遵守纪律了。

公园的情况与此类似。尽管偷盗花木被惩罚，但被管理者发现的风险并不大，毕竟不是每个地方都站着管理者。当对举报者进行奖励时，公园的游人受此激励都成了管理者，偷盗花木被发现的可能性变大了，成了一件风险极大的事，居心不良者当然不敢下手了。在这种情况下，对公众监督的激励当然要比对偷盗花木者的惩罚有效得多。

激励与惩罚要达到的目的是相同的。但这两种机制产生作用的方式不同，成本也不同。采用激励机制时，其作用是自发的，行为者按激励所要达到的目的行事，简单而有效。给举报者奖励，就自发地把游人变成了不领工资的管理者，这种激励措施，无须管理者监督。采用惩罚机制时，其作用是消极的，还需要更多支出，例如，用专门监督人员及必要的设施等。这又引出了两个问题：一是监督者也是人，他们也有个人利益，可能收取被监督者的贿赂，共同作案，这类事情现实中也不少见。即使用机器监督，操纵者还是人。二是只要收益大于成本，被监督者就会用各种方式逃避监督。

激励优于惩罚的道理并不复杂，但实施起来并不那么容易。

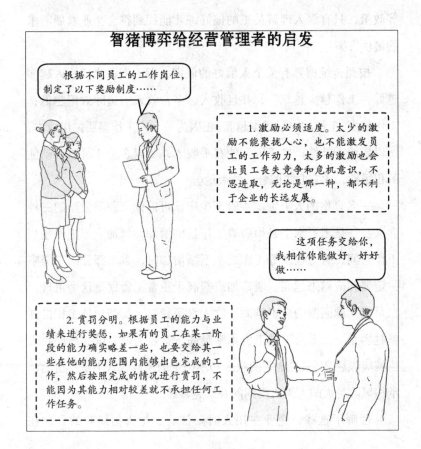

一些民营企业（尤其是中小企业）的老板仍然改不了对惩罚的崇拜。愿意制定制度，设立专门岗位，对员工规定各种惩罚条款，却舍不得给员工增加工资。

企业领导者在经营过程中，如何设计一个有效的激励机制的关键就是如何理解员工的偏好。当人力资源主管建立各种各样的激励机制时，必须能够预见激励对象对此做出怎样的反应，无论是设计薪酬制度，还是出台招聘、解雇、职称、职位、工作环境等政策，只有深入理解员工的偏好，才能找到符合企业发展需求的最优方案。

按照传统博弈有关个人偏好的假定，即人们喜欢"收入越多越好，工作越少越好"，并且收入越多，收入的边际效用越低；工作越多，工作的边际成本越高。正因为一个人工作需要付出成本，所以要给予补偿；也正因为他在乎收入，所以企业才可以调动他的积极性，才有办法监督、约束他。

一名合格的人力资源主管至少应该可以读出薪酬激励的三种含义：一是工资水平必须随着工作量的增加而增加。当工作量、工作时间、努力程度等工作成本不断增加时，多出部分的工资率一定要相应越来越高，通常加班费高于正常工资就是这个道理。二是收入越高激励成本越高。收入水平越高，要调动员工积极性就越困难。如果员工的工资水平越高，企业为他提供的预期收入也就应该越高。三是确定的收入和不确定的风险收入不是等价的，承担风险越大的人需要得到的补偿越多。

理解了这些，企业在用人时要注意，把害怕风险的人放在固定薪水的位置上，而把愿意承担风险的人放在收入波动较大的位置上，这样可以使企业的平均工资水平下降。创业阶段企业面临的风险特别大，因此创业型企业在招聘人才时需要支付的风险成本相对较高。但随着企业逐步进入成熟期，创业者们的收入越来越稳定，这时他们的平均工资虽然在上升，但增长速度降低了。同样在企业内部，当上马新项目、开拓新市场、销售新产品时，企业要支付给相关人员的预期收入应该相对较高，而在非常成熟、客户稳定的市场中，相关人员就可以接受相对较低的收入。

☐ 将能而君不御

某日，主管走进办公室时，一位下属向这位主管打招呼并说："早上好，主管！我们遇到一个问题。你看看……"得知事件的由来后，这位主管又再次处于一个熟悉的处境——他成为问题的知情人，他有责任处理这事件，但他却没有足够的资料为下属即时做决定。最后，他回答："十分高兴，你让我得知这件事情。但我现在赶着处理另一件事务。让我想想。想到方法后，我将会通知你。"而下属呢，为了确保主管不会忘记这件事，以后他会将头探进主管办公室，轻松地询问道："怎么样了？"

为什么上司们总是没有足够的时间应付工作，但他们的下属却没有足够的工作？原因是上司们背负了下属甩出的责任，上司承担了员工的工作任务。当下级把工作推给上司，借口也就开始落地生根了。

威廉·安肯三世和唐纳德·L.沃斯曾在《哈佛商业评论》上撰文，以"在背上的猴子"的隐喻来分析上述的事件。主管与下属碰面前，这只"猴子"伏在下属的背上，但两人相谈后，下属成功地让背上的猴子跳到主管的背上。猴子会一直伏在主管的背上，直至主管将它交回所属的拥有者。当主管接受这只猴子时，他承担了两件原为下属应有的职责：第一，他被下属分派了工作；第二，他被该位下属监督，需向下属报告事情的进度。因此，他便无言地认同了比他的下属还低的职位，而那些用以处理这只猴子的时间被称为"部属占用的时间"。

明太祖朱元璋，唯恐自己手中的权力被人侵占，在明代建立初期，他干脆将宰相制度废除，并通过祖训的形式将其制度化，从此明代一直未设宰相。朱元璋认为元朝灭亡的原因是君主不能躬亲庶务，将国家大事委托给权臣。为此，他废除中书省、罢宰相，把天下的大权小权都揽在手中，改变过去"凡事必先关报（中书省），然后奏闻"的惯例，改由自己直接受理章奏。交给别人做可以节省精力和时间，但是第一他不放心，不仅怕别人不如他尽心，也怕臣下徇私舞弊；第二也是最主要的，他担心把政务交给大臣会大权旁落。于是，他每天天不亮就起床办公，批阅公文，直至忙到深夜。没有休息日，也不讲究调剂精神的文化娱乐。就这样日复一日、年复一年，朱元璋变成了权力的奴隶和心情郁闷的工作狂。他成年累月看文件，看到那些卖弄学问、冗长而又不知所云的报告，不由得怒火攻心。典型的倒霉鬼是洪武九年刑部主事茹太素。这位茹大人写了洋洋洒洒的万言书，可谓下笔千言，离题万里。读过一多半，还没看到具体意见，朱元璋大发脾气，先赐茹太素一顿板子。第二天，终于耐着性子看到 16500 字后才涉及本题，建议五件事情，其中四件可取。朱元璋看后命令主管部门施行。他承认自己打人是过失，也表扬茹太素忠心，可谓打个耳光给颗枣吃。

废中书省以后，六部府院直接对皇帝负责，政务越发繁忙，朱元璋平均每天要看或听两百多件报告，要处理四百多件事。朱元璋的后代们更注重生活，不愿意像太祖一样把自己累坏，于是明代政治败坏到极点，是中国历史上宦官专政的高峰。明代的宦官不但拥有批红的权力，还有监军、收税和治狱的权力，许多明代正直的官吏因对抗阉党而惨死；能干的阁臣为办事勾结宦官，士林风气败坏到极点。这一切的根源都在太祖朱元璋身上，他唯恐权力被人侵夺，不但废除了有一定决策权的宰相，还要干预中层干部甚至基层事务，自己累死不说，整个大明王朝也变得保守、狭隘，而当时的西方，文艺复兴的曙光已经出现，大明王朝在权奴们的掌控下，走向没落。

由于专权，朱元璋不仅自己做了一辈子劳奴，而且还因为企图操控一切而使得国家机器的正常运转机制出了问题。宦官专权让明朝廷血雨腥风，从而错失了文化大繁荣、大发展的机会。

诸葛亮可谓一代英杰，赤壁之战等广为世人传诵之作，莫不显示其超人的智慧和勇气。然而他却日理万机，事必躬亲，乃至"自校簿书",终因操劳过度而英年早逝,留给后人诸多感慨。诸葛亮虽然为蜀汉"鞠躬尽瘁,死而后已",但蜀汉仍最先灭亡。这与诸葛亮的不善授权不无关系。如果下属能够替诸葛亮打理众多琐碎之事,而诸葛亮只专心致力于军机大事、治国之方,"运筹帷幄,决胜千里",又岂会劳累而亡,导致刘备白帝城托孤成空,阿斗将伟业毁于一旦?诸葛亮本应该做好指挥员,而自己却当起了消防兵到处灭火,导致战斗力削弱。

上司统揽一切，员工就只需把一切指向老板，"不知道，问我们领导"，"不会，我去找领导"，上司就会疲于应付这些活蹦乱跳的"猴子"。企业管理者在博弈中一定要把这些猴子扔给下属，而不要过多揽责。

李嘉诚12岁时随父母到香港，后来去一家塑胶厂当了一名推销员。20岁时他用自己的7000港元积蓄，在一个破烂的工棚里办起了自己的小塑胶厂。工厂创业之初，资金少，人才缺，从原材料采购、设计施工、生产管理到产品推销，李嘉诚都得"事必躬亲"。

10年之后，李嘉诚已成为香港的"塑胶花大王"。工厂规模大了，员工多了，资金充足了，下一步怎么办？他还要把所有的事情都包下，把所有的担子都一个人挑起来吗？

李嘉诚亲眼看见许多同行由于坚持不改大包大揽的管理方式而把企业越管越糟，不但不能实现事业的腾飞，反而将苦心经营起来的企业搞垮了。他深刻地意识到，要实现事业的腾飞，就必须在管理方式上来一次脱胎换骨的转变！要彻底抛掉小作坊主的管理方式！于是，他毅然决定把"工厂"变成"公司"，从事无巨细都得他亲自过问的创业者英雄式管理，转变到依靠管理专家、技术人才的"集团管理"上来，把权力下放给下属，让具体的部门负责具体的事务，充分发挥员工的积极性和主动性，让部下劳心劳力。他依靠部属进行管理，实行企业员工的分级负责制，这样一来，整个企业的员工都既开动脑筋，又积极工作，整个公司都忙起来了，而不是他一个人在忙了。通过分权，他从琐碎的事务中脱身出来，把精力放到了大局上。公司从上到下，各司其职，业绩蒸蒸日上。

当管理者无为的时候，他就能够腾出空间，让员工有所为。公司是花园，他就是园丁。他栽培他的员工，并给予关爱与呵护，以满足员工们成长的需要。真正的以人为本，不是像渔夫那样满足员工们的欲望，而是像园丁那样满足员工们成长的需要。这就是真正的管理学——园丁管理学。

第十三章

爱情博弈：
好爱情是"算计"出来的

AI QING BO YI:
HAO AI QING
SHI SUAN JI
CHU LAI DE

□爱情也是一场博弈

在爱情里，男人总想找到属于自己的白雪公主，那个女孩一定要漂亮，而且要深爱着他。同样，女人也总想找到自己的白马王子，那个男孩一定要英俊潇洒，还要有绅士风度。可在现实的爱情里，我们都在感慨，为什么好男人总是少之又少？为什么好女人却总嫁不掉？为什么第三者的条件往往不如你优秀，却敢在你面前叫嚣？为什么一个好男人加一个好女人，却不能等于百年好合？

这些看起来无从回答的爱情难题，在博弈论里即可找到答案。

爱情博弈论，就是研究日常生活中，男男女女该如何才能找到能使自己幸福的另一半。一个成功好男人，身边定然少不了追逐他的女人。但是即便位列一等的好男人，也会留些机会给那些优秀的女人。

贝克汉姆曾经也是情窦初开的腼腆少年。他曾经痛恨自己的拙嘴笨舌，因为在刚刚遇见如花似玉的"辣妹"维多利亚时，他不知道该如何表达自己对她的好感，只有在维多利亚去洗手间的时候，两次情不自禁地起身，才让维多利亚看出了他对自己的敬慕。接着，才有维多利亚巡回演出时，两个人隔着太平洋和7小时时差狂打越洋电话，电话的内容简单无趣，只是讨论同一轮月亮，为什么在两人眼睛里看起来却不大一样。

后来成为"贝嫂"的维多利亚不能忍受自己丈夫的花心，以及报纸上关于他的诸多花边新闻。但是最后，她还是把苦果独自咽了下去，因为她还想要声誉，想要孩子，想要这个能跟她联手，在时尚界立于不败之地的好搭档。

可以说在好感刚来的时候，是维多利亚的美貌和名声击败了小贝，但接着，就要靠维多利亚的智慧，否则两个人的爱情，怎么能传奇到今天？

在爱情中，男人总是很容易背叛，因为男人是靠事业的，女人是靠美貌的，打动维多利亚的正是小贝的辉煌事业，而小贝恰恰是看上了维多利亚的美貌和智慧！在爱情博弈里，男人与女人的期望是不同的。根据不同的期望自然要选择不同的策略。

曾经，同为软件工程师的梅琳达正在认真工作，突然接到比尔·盖茨的电话，电话里，盖茨有些羞怯地说："如果你愿意在下班之后跟我约会的话，请打开桌子上那盏湖蓝色的台灯。"原来，盖茨暗恋梅琳达已经很久了，他们办公室的窗子正好相对，每当隔着窗子看见梅琳达窈窕而忙碌的身影，盖茨就情难自禁。而梅琳达对这个有着非凡智慧的年轻人，也是心仪已久。终于，在那天下班之后，湖蓝色的台灯在梅琳达的桌子上发出脉脉的黄光，仿佛梅琳达欲说还休的心情。盖茨，一代天才终究难逃美人之关，而梅琳达也深为盖茨的智慧折服，究其原因，男人的智慧可以给女人带来财富，女人需要的是享受，而男人则更需要女人的美丽。

作为盖茨的太太，梅琳达必须忍受自己的丈夫每年有一个星期的假期与他的红粉知己在一起——比尔保证，他们只是坐在一起谈谈物理学和计算机。

剩女如何顺利出嫁

学历高
职位高
收入高

"剩女"如今很流行，她们一般很优秀，在他人眼里，很完美。但就是在爱情上不如意，年龄不小了，还没有出嫁。剩女们如何将自己嫁出去呢？

首先，换一个角度和思路看"剩"的问题
剩女不必在心理上有剩下来的感觉，心态年轻了，人就永远是年轻的，也就不存在所谓"剩"的问题。

其次，要有自己的主见
要有自己的主见，要有自己的择偶标准。

最后，避免走两种极端：太现实和太浪漫

没车没房的我不嫁！

有的女孩子过于现实，搞物质崇拜，你看上别人，别人也不一定看上你，而且婚姻过多讲究这些也是不合适的。

一个极端就是过于虚幻，离现实太远，一味强调所谓小资情调、浪漫，认为身边的男人似乎都太平凡或没有英雄气概。

如果梅琳达在爱情里不懂得让步，那么她与盖茨的博弈就可能没有双赢的结果！因为他们按自己不同的期望选择着自己的策略。

但一个在事业上很有成就，或者一味追求"巾帼不让须眉"的女性，在选择自己的爱人时对男人的社会学本质——他的财富、地位就不会很在意了，因为她自己已经具备了这一切。

爱情给大家的不只是一种感觉，很多人之所以保持单身就是觉得单身状态效益最大，既可以享受不结婚的自由，又可以凭借自己的优势不断享受爱情的感觉。

总之，在每个人的爱情博弈中，一定要从自身实际出发，尽可能掌握对方更多的信息，在此基础上，才可能找到属于自己的幸福。

□一见钟情会一见就堵

冯楠："赵刚，我见过你。"

赵刚："冯楠，我也是。我正在想，我们是在什么地方……"

冯楠："你不用想了，那样只会白白耽误时间的。爱因斯坦说过时空也能多维存在，我想，也许咱们可能在另一个时空里见过，或是……梦中？"

赵刚："有可能。佛教认为人有六轮之回，人死后过奈何桥时被灌了迷魂汤，把前世忘得精光，但也有个别被漏过的，这种人能清楚地记得前世，有可能咱们前世见过，又凑巧都躲过了迷魂汤。"

这是电视剧《亮剑》里的冯楠与赵刚一见钟情的对话，也是电视剧中经常会出现的场景。我们习惯认为爱情是一种男女间相爱的最美好感情，因为数不清的文艺作品都是这样证明爱情的。我们也愿意这样定义爱情，因为我们需要这种给身心带来美妙感受的情感。不过可惜的是，我们不可能永远活在"一见钟情"里，至少，对于普通人来说是这样的。最初见面的那种兴奋、满足，相信遇见你，是前无古人后无来者，当对方有一丝蹙眉时，你会伤心痛苦的所有心事，都随着时间的流逝，渐渐地被微不足道的小事所吞噬。

就像鲁迅笔下的美人"豆腐西施"变成了细脚伶仃的"圆规"一样，一见钟情的激情和青春，也逐渐地褪去颜色，变得平淡与无味。于是，有的人开始寻找新的"一见钟情"，有的人希望用新的面孔来面对旧的"一见钟情者"。但不可避免的是，无论哪种"新追求"，最终都会变成悬在你头顶的一把剑，一不小心，就会自作自受甚至作茧自缚。

也许每一个男子全都有过这样的两个女人，至少两个。娶了红玫瑰，久而久之，红的变成墙上的一抹蚊子血，白的还是"床前明月光"；娶了白玫瑰，白的便是衣服上的一粒饭粘子，红的却是心口上的一颗朱砂痣。

就像经济学中的边际效应递减一样，初次消费带来的满足，随着消费量、消费次数的增加，每增加一个单位的消费，满足感就会降低一份，直到最后边际效应变得很少。不过，不可否认的是，跟所有恋情相比，初恋的边际效应是最高的。因此，爱情也就被蒙上了一层温情脉脉的面纱。当我们揭开面纱，才发现对方原本不是当初遇见的那个"他"。

梅兰妮是一个漂亮、聪明、做事干练、惹人爱怜的女孩，她住在纽约。没有人知道她的来历，只知道她清纯可爱、气质脱俗。

一天，梅兰妮在酒吧邂逅了风流潇洒、年轻有为的单身贵族彼克。二人一见倾心，相互钟情，而后迅速开始了交往，一下子成为周围人眼中羡慕的情侣。可是就在彼克提出结婚的要求时，梅兰妮却支吾推辞。这让彼克很困惑。

原来，梅兰妮出生在美国南部的阿拉巴马，从小就向往都市生活，所以她来到纽约寻找自己的未来。上帝真是偏袒她，她不仅在事业上顺风顺水，还让全纽约"万人迷"的单身贵族彼克疯狂地爱上她。其实梅兰妮并不是一个单身女郎，她已经在家乡和

放弃一见钟情的完美

每个人总会刻意隐瞒一些对自己不利的信息，为了获得对方而有意表现好的方面，从而达到"讨好"的目的。

爱情中的男女，请放弃脑海中一见钟情的完美，揭开心里那层虚伪的面纱。

彼此坦诚相待，为对方提供自己真实而准确的信息，以加深了解，让爱情和婚姻更甜蜜长久。

提供虚假信息只会让你们的爱情打折扣，只有对真实而可靠的信息进行判断后，双方的最终决策，才能是最好的"抉择"。

一个名叫杰克的小伙子结婚一段时间了。如今她与彼克到了谈婚论嫁的地步，随着幸福的一步步靠近，梅兰妮心里的不安和焦急一天比一天强烈。

然而，丈夫始终拒绝在离婚协议上签字，不得已，梅兰妮亲自回到阿拉巴马，劝其离开自己……

每一对相爱的情人，当走进现实生活，卸下了爱情头上浪漫的光环，走出虚幻的精神圣殿后，就会发现柴米油盐的平淡和利益纷争的无休止。这时，如果能保持生命中的纯真、可爱，便会让爱情的"边际效应递增"，相反，则如置身于不可挡的逆流中，"无边落木萧萧下，不尽长江滚滚来"。

□情人眼里出西施

英国某经济学家评论英王爱德华八世为辛普森夫人放弃王位的行为时说："20世纪，我们伟大的英国出现了一位'最不理性'的国王。原因就在于，他做了一项非常亏本的买卖。他选择了一位从任何一个角度来看都不合适的女性来做自己的伴侣，并因此放弃了王位。"

"这位被国王选择的对象（辛普森夫人），不过是个身份卑微的私生女。她离过婚，派头十足，自命不凡，固执又不出众，根本算不上漂亮，却恰恰蛊惑了一位富有责任心的国王，结果让英国损失巨大……"

一位学者转述威尔士亲王对辛普森夫人的感受："那女人金发蓝眼，皓齿厚唇，体态丰盈，秀色可餐。言谈间风情万种，行

你的第一本博弈论 ▌用博弈论解决工作和生活的难题

走时仪态万方。威尔士亲王偷窥良久，怦然心动，不禁打破在女人面前冷若冰霜的习惯，主动与那独身女子攀谈。"

为什么同样的一个人（辛普森夫人），在不同人的眼中会产生这样大的差别。尤其是在第一段话中，我们可以深刻地感受到那位经济学家的不满。在他眼中，至少威尔士亲王所做的一切是收益远远小于成本的。因为这个女人"离过婚，派头十足、自命不凡"，并且身份极其低微。但威尔士亲王在描述她时，却认为她美貌无比、风情万种，甚至为了她放弃王位也在所不惜。也许，这位经济学家不认为辛普森夫人具有多大的魅力。问题是，如果真的将爱情当作经济学里的一种消费品，那么他恐怕就不会这么草率地下决定了。

当我们将这样的道理摆放在爱德华八世和辛普森夫人之间时，就不难发现，同样是适用的。因为，恰恰是辛普森夫人那与众不同的性格吸引了爱德华八世，他喜欢的就是这样的女人，确切地说，是这个女人。至少他认为，同辛普森夫人恋爱将是一种无可避免的"偏好"。但爱情往往是自私的，为了能让自己长久地拥有这份美好的感情，他愿意为自己的这种"偏好"付出一定的代价。只是他为之付出的一切，若从整个国家的角度来看，的确是太大了。也许，只有身处恋爱中的人，才会忽略消费"爱情偏好"的代价。他们可以忽略其他一切，即使现实中对方并不出众甚至十分普通，也会认定对方是独一无二的，从而对自己的行为产生影响。

三国时期，诸葛亮有个出名的丑妻——黄硕。人如其名，身体壮硕，黄头发，黑皮肤，皮肤上长着一些疙瘩，是当地出了名的丑女。但诸葛亮偏偏对那些大家闺秀与美貌佳人不屑一顾，娶了黄硕。

后来，邻人多以貌取人，不明就里地讥讽："莫学孔明择妇，止得阿承丑女。"可是诸葛亮不以为意，照样同妻子过着甜蜜的生活。

原来，这个黄硕不仅聪明贤惠，还擅长发明工具。当初诸葛亮六出祁山，威震中原，众人都知道他发明了"木牛流马"和"连弩"等工具，后来又在深入南中，七擒孟获时，发明了可避瘴气的"诸葛行军散""卧龙丹"。但据史料记载，这些都是他的丑媳妇教给他的。当初诸葛亮之所以娶她，也正是看重了她的这些品质，

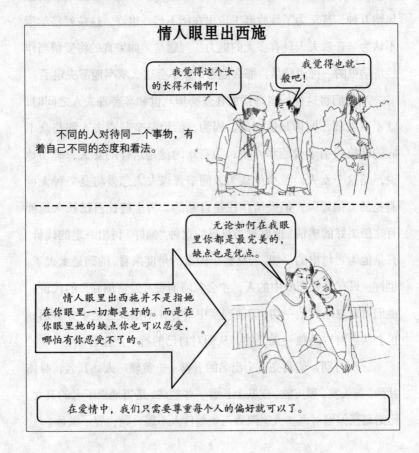

才不计容貌。于是，夫妻俩十分恩爱，如胶似漆。

在现代人眼中看来，诸葛亮的这一"偏好"有些另类，毕竟黄硕的丑陋从作为夫妻的角度看，是不容易被接受的。只是诸葛亮独到的眼光和喜好，成就了这样一段史上佳话。通常情况下，人们认为，个体的偏好大多受感性因素的影响。这些感性因素又因人而异，有明显的差别，也就应承了那句"萝卜青菜各有所爱"。但从整个社会的角度来看，偏好的形成还需要依赖多种因素，如文化因素、经济因素、社会因素等的共同作用。

对一个女人漂亮与否的看法也是各异。历史上，楚灵王喜欢腰身纤细的人，众多妃子为了能够得到大王的喜爱，都锐减饮食，巴不得一夜间瘦成苇子杆，只求能得到楚王的青睐。可惜，后宫中佳丽如云，王恩有限，众多美人不惜以生命为代价来求得恩宠，后来宫中很多妃子都活活饿死。当时，还有记事官问楚王，为什么喜欢细腰，楚王说"寡人就是理由"。

虽然楚王这么说，但我们仍要注意到背后隐藏着的传统文化对其的影响。在古时候，女子细腰表示曾受孕的概率小，这样楚王就可以判断自己是嫔妃们唯一的夫君，则在满足自己的虚荣心时也保证了后代的血统纯正，提高了繁衍的效率。

□ "第三种人"

现在社会上流传着"男人、女人、（未婚）女博士"三种性别的调侃。在很多人眼中，女博士是人，但不是男人，也不是女人，而是第三种人。

博士本来就很少了，女博士在浩浩荡荡的中国人口大军中更是凤毛麟角，按照物以稀为贵的道理，她们应该是社会的佼佼者，是各个领域的"抢手货"，是时代的骄子，但现实中，她们却连"女人"也不算。难道女博士的生活会有什么特别吗？难道是女博士已经失去了自己的性别特征和女人优势？不管怎么说，当前我们现实生活中，女博士这个群体的确遭到一些难以言明的怪遇。让我们来看看这个事例：

一位毕业于某医科大学的女博士，毕业后被高薪聘任在一医院做主治医生，接近而立之年却没有找到自己的另一半。这位女博士在好友的鼓励下，登载了征婚启事，最初实话实说，刊载云：某某女，28岁，医科大学博士毕业，现在某医院任主治医生，月薪6000元，希望与……征婚启事刊载三个月，居然没有一封鸿雁传书；无奈之际，在某高人指点下，重新设置条件：某某女，28岁，医科大学硕士毕业，现在某医院任职，月薪4000元，希冀与……不料刊载月余，仍然应者寥寥，无法从中找到理想伴侣；最后该女博士再次刊载：某某女，28岁，医科大学本科毕业，现在某医院任职，皮肤白皙，容貌娇艳，月薪2000元，希冀与……刊载半月，求婚信有如雪片般飞来，其中不乏众多硕士男子，居然还有三位海外留学归来的博士……

究竟是什么原因导致了女博士遭受如此境遇？本来能够把博士熬出来，这本身就是不小的成就。但在我们的上述镜头中，明明是医学博士，主治医生头衔，耀人的薪水，却只能把自己说成是本科生才能得到寻找配偶的机会；有身材、有学历的博士，却让导师发愁爱情上难以找到归宿。女博士真的是区别于我们的"第三种人"？

进入现代，女子开始获得解放，走入学堂，获得了接受教育的机会，男子开始"恐惧"了；到当代，女人独立自主的劲头越发高涨，女博士成堆地出现并活跃在社会的各个舞台，这让长期以自我为中心的男子接受不了。

于是女博士是第三性的说法就不胫而走，男人对她们的人身进行攻击；对她们的爱情加以剥夺；对她们一点点花边都要制造新闻加以谣传，以希望全社会都对女博士产生"恐惧"，这实际上就是把女博士妖魔化，这就是古代"女子无才便是德"的翻版。

距离知识最近的女博士却距离爱情最远，让人心酸；花费巨大代价跨入了博士门槛，却成为社会花边新闻的主角。一个女博士难嫁的社会，折射出的是男性群体的不自信，折射出这个社会离男女真正平等还有很长的距离。毕竟，在中国男女平等的博弈中，男子始终占据上风。所以，当女博士成为一个群体的时候，她们就站在了男女平等博弈的最前沿，遭受种种攻击和非议，被迫接受种种不公平，甚至是奇怪的待遇，也就不足为奇了。

□ 为什么同居而不结婚

吴先生和女友 Kate 老家都在海南，2001 年大学毕业后来到广州打拼，在一次"白领交友派对"中一见钟情，2003 年开始了同居生活。2005 年，两人以 AA 制的方式买下番禺一处物业。"我一直觉得结婚与否不重要，我们在一起互相照顾，就足够了，结婚不过是个仪式。" 吴先生这样描述他和女友的想法。直至 2008 年 8 月，Kate 意外怀孕了，两人的生活掀起了一阵波澜。"我觉得生命是最宝贵的，为了给孩子和普通家庭一样的生活环境，原本不打算结婚的我们决定领证结婚。"Kate 坦言。没想到的是，命运给这对情侣开了一个玩笑，在他们将要"奉子成婚"之时，Kate 肚里的孩子却没有保住。"其实我们很满意同居的状态，结婚冲动来自这个小生命，现在孩子没了，结婚就先不考虑了。"吴先生解释道，女友 Kate 亦认同他的观点。

2005 年美国妇女有 51% 独自生活，没有配偶。这是美国有史以来的独自生活妇女人数第一次超过有配偶妇女。华盛顿布鲁金斯学会人口学家佛瑞说，这是一个清楚的转折点，"女性已经不太依赖男性或婚姻制度。年轻的女性不喜欢婚姻的束缚。对于较年长的妇女而言，婚姻也没有提供她们希望获得的生活。"

在更追求个体化的欧洲，不结婚已经被称为"软革命"。法国社会对于"只要爱情不要婚姻"，大多持宽容态度，因为"结婚不会带来任何东西，也不会拿走任何东西"。

在日本，已经因为结婚率迅速下降而严重影响到人口增长。焦急的日本社会学家们奔走相告，呼吁年轻人的父母"压迫"子女去寻找另一半。

著名社会学家李银河说不婚渐成为常态确实是一个重大的变化。婚姻从一种普世的价值已经变成了纯粹个体的选择，我们习惯了以"家"的概念来面对社会，而以后可能要彻底作为单个人面对周遭，家族主义在下降，而与现代化随之而来的个人主义迅速上升。

越来越多的青年情侣同居，而且不急于结婚，或者近期并没有结婚的打算。这是青年们的明智选择吗？选择的背后又有什么玄秘吗？

按常理来说，婚姻的机会成本非常高，爱情这种纯粹精神的东西在物欲横流的现代社会越来越受到物质财富的冲击。现在的生存条件和生活环境越来越严峻，购买房产要按揭贷款，毕业之后的去向也是未知数，而且大多数青年人是独生子女……能不能留在同一个城市里也是现实的问题。结婚带给人们的难题越来越多，外部世界的诱惑也越来越多，人们在生活中面临的变数越来越大，生活压力也越来越大。

在这种情况下，人们选择了一种折中的办法——同居。两个人可以享受婚姻生活带来的一切乐趣和好处，没有一纸结婚证书的约束，人们面临选择的时候更灵活，不必承担婚姻的后果，机会成本小，也没有更多的沉没成本。

哲学家说，存在即合理。事实上，这是理性经济人的一种理智的选择，没有什么不好，因为人们付出的机会成本低，相对来说，收益就要更高一些。

同居剥离了夫妻名分、财产关系、子女关系等很多东西，留下的似乎只有爱与性。经济学家对性行为有非常精彩的分析。

一天，某经济学家带着一名年轻女子到珠宝店买戒指。两人挑选得非常仔细，就像要举行什么盛大的仪式一般。在女子挑了一颗明亮的钻戒后，经济学家去付账。店员小姐微笑着对经济学家说："您是同那位小姐来挑婚戒的吧？恭喜您了。"经济学家听了，摇了摇头，说："不，我们不过是庆祝同居一周年。"店员小姐很疑惑，又问道："可是，您既然愿意为她买戒指，为什么不同她结婚呢？"

经济学家苦笑着说："因为，我不愿意为她花更多的钱。和她结婚的成本可比同居的成本高多了。"

经济学家的说辞，恰恰反映现在很多人的心声。如今，同居早已是一种普遍的现象，人们也见怪不怪，甚至还将它看作一种现代人的时尚和潮流。但凡青年男女相恋，两情相悦，用不了多久就会像夫妻一样生活在一起。尽管这种现象在许多老人眼中看来非常不可思议，但不可否认的是，同居者越来越多。

为什么同居而不结婚

1. 青年人对未来生活缺乏理性规划。

市场经济下，人们的流动性很大，工作不稳定，对未来经济收入的预期也不明朗。此种背景下，过早结婚反而会成为彼此的拖累。

现在工作都没有，怎么结婚。

这地段不错，入手个小公寓再出售也行。

2. 女性独立。

对经济独立的女性而言，她们不再需要通过婚姻这个长期的契约来限制彼此的自由，也不需要为对方承担责任。所以，在这种条件下，人们更喜欢选择同居这种生活方式。

我觉得我们这样挺好，没有婚姻束缚。

是啊，也没有孩子的负担。

3. 社会的进步。

生儿育女、传宗接代、养儿防老等观念已经在现代人的头脑里日益淡化，这些已经不是男女在一起的目的，其目的是追求快乐、愉悦。没有孩子的拖累，两个人不需要承诺，合得来就在一起，合不来就分手。

为什么人们要选择同居？西方经济学家对此解释说，很重要的一个原因就是结婚成本太高。爱情这种纯粹精神的东西越来越抵抗不住物质财富的冲击。人们的生活条件和过去截然不同了，购买房产要按揭贷款，布置新房要添置家具，结婚之后要赡养双方父母和养育孩子。林林总总，琐碎的事情让人们发觉，一结婚就要付出无数的精力和成本。尤其是过早结婚带给人们的难题越来越多，而外部世界的诱惑也越来越多，夫妻在生活中面临的变数越来越大。有很多人开始害怕结婚，但又想享受婚姻生活带来的一切乐趣与好处。于是，他们就想到了同居。

从某种意义上看，同居很像一张信用卡。有的年轻人想利用它进行婚姻的提前消费，就如"试婚"一样。他们通过同居来了解彼此，再进一步形成对夫妻生活的尝试。

同居就成了许多人眼中一个能规避婚姻重大责任和压力的一种选择。这些人相信，它使相爱的人不再分开，避免了孤独，也就避开了单身的缺憾。

尤其是对再婚的男女来说，他们之间本身就很难再建立起彼此的信任和对婚姻的依赖，遇到生活中的困扰和问题也多，不成功的比例往往比初婚还高，此时选择同居就可以给彼此一个回旋的余地。

不知是谁先说起可以不用考虑承诺是否能实现，合则聚，不合则散——同居者的心态就是这样，他们以为就算哪天觉得不适合，也可以随时下"贼船"，甩甩衣袖一走了之。亦如徐志摩的那首诗——"悄悄的我走了，正如我悄悄的来；我挥一挥衣袖，不带走一片云彩。"

第十四章

婚姻博弈：
夫妻跷跷板的平衡法则

HUN YIN BO YI:
FU QI
QIAO QIAO BAN DE
PING HENG FA ZE

□爱情和婚姻不是一回事

有一个丧心病狂的男人，在没得到女人之前，百般献媚；结婚后，不顺他意，便大打出手，更为恶劣的是在女人的脸上和身上刺字，话语肮脏下流。他一共结了两次婚，残害了两个女人，第一个妻子，除身上刺字外，多年后，满脸的刺青依然清晰可见，惨不忍睹；第二个妻子全身上下共刺了300多个字，需要两年的时间才能彻底清除。他对这两个女人的手段和伎俩，如出一辙，那就是不许报案，否则将灭其全家。这两个女人最初的忍让没有换来罪犯丝毫的怜悯，她们都是在走投无路的情况之下，在罪犯大意的时候，偷偷逃跑的。前一个软弱的女人为了不累及家人选择了忍气吞声，而第二个女人在家人的支持下，勇敢地站了出来，至此这一切才真相大白。当然罪犯被判处死刑，缓期两个月执行，剥夺政治权利终身。他得到了应有的惩罚，但是却在两个女人的身上和心里留下了不可磨灭的创伤。

这两个女人结婚前，谁也没想到他是这样一个恶徒,结婚以后，不但没得到幸福，却犹如身陷囹圄，甚至毁了一生。

婚姻是不可预期的，就像赌博一样。当你真正走进婚姻，会发觉婚姻不只是围城，甚至是牢笼，进去的想出来。很少的婚姻能达到双方的预期，因为婚姻的不确定性太大，它总是不可预期的。想达到真正的幸福就要学会抗和忍。用忍来减少自己的预期，用抗来遏制对方的预期。

很早他就认识她，那时，也不能说没有爱情。

他是厂里的车工，她是厂花。那时，喜欢她的男人很多，每天都有人给她打好饭，看着她吃。他不是她的护花使者，不是不想，而是有些自卑。他清贫，也没什么背景。于是，吃中午饭时，他总躲在一个角落里偷偷地看她。其实，她在心里早就喜欢他，只是他不知道。他虽是车工，却很懂文艺。

每逢厂里排戏，都是由他编本子。他们有过短暂的合作。在

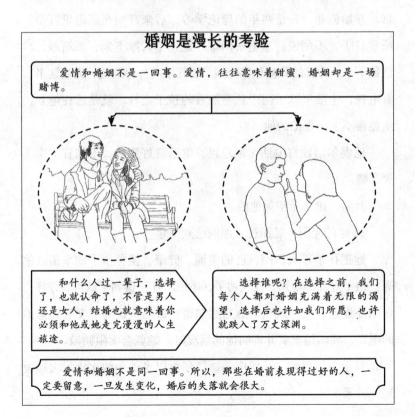

婚姻是漫长的考验

爱情和婚姻不是一回事。爱情，往往意味着甜蜜，婚姻却是一场赌博。

和什么人过一辈子，选择了，也就认命了，不管是男人还是女人，结婚也就意味着你必须和他或她走完漫漫的人生旅途。

选择谁呢？在选择之前，我们每个人都对婚姻充满着无限的渴望，选择后也许如我们所愿，也许就跌入了万丈深渊。

爱情和婚姻不是同一回事。所以，那些在婚前表现得过好的人，一定要留意，一旦发生变化，婚后的失落就会很大。

厂庆的晚会彩排上，她演他的本子，他说台词。后来，他们就在一起了。结婚，生孩子，像大多数恋爱的男女一样，有了一个好结果。

故事却没有完。

他们第二个孩子降生时，他对她说，想去拍电影。

她知道，这些年来，他一直没有断去拍戏的念头。考虑再三，她还是冒着风险支持他。

辞掉工作，拿走家里全部的积蓄，甚至借了些钱，他跑到北京，开始创业。先是两年的理论学习，后来开始在剧组里打杂。那些日子，不用说，家里很困难。她一个人撑下来，渐渐地，脸色黄下来，秀美的脸被愁容掩盖。她几乎与外界隔绝，无暇读书、看电视，生活里除了两个急需照看的孩子之外，就是远在他乡，给她帮不上一点忙的他。

他偶尔给她打电话，她总说，电话费好贵的，不如省下来买火车票。

其实，她是希望见他的。

22 年的光阴一晃而过，他们已到中年。

她把孩子带大，用自己的美丽、健康，换得孩子的幸福。他呢？拍了好几部电影。他成功了，他拍的片子得到了认可，并且，在国外连连获奖。这些，她当然知道。每当认识的朋友看到他拍的电影，而向她祝贺并询问他的情况时，她就会无限骄傲。

只是，他更忙。一年中，她偶尔可以见他一两次，每次都短短三五天。

相比剧组里年轻的女演员来说，她早成了黄脸婆。而且，现在的女孩子，为了能出名，什么都放得开。

外面的世界充满诱惑，置身的世界如此无趣。他终于迎向了更蓝更蓝的天空。挥挥衣袖，不带走一片云彩。

她流着泪问他："为什么？"

他说："因为我们没有相爱的理由。"

她原不知道，婚姻是一场漫长的考验。不是此时此刻的相爱，就能代表一生一世。世界会变，人也会变。两个从苦日子走过来的人，并不一定能共同面对生活的甘美。婚姻的不确定性很大，婚前的甜言蜜语、海誓山盟并不能保证婚后的幸福。

□贫贱夫妻百事哀

欧·亨利著名的小说《麦琪的礼物》中曾描述过这样一对情侣，他们生活贫穷，却非常相爱。在一次圣诞节前夕，这对恋人尽管身无分文，却都想给对方悄悄准备一份礼物。

可是，这对穷困的恋人能买得起什么呢？

男孩身上最值钱的家当就是自己仅有的一块怀表，他想来想去，决定狠下心把这块心爱的表卖掉，去为自己心爱的人买一把梳子，准备去配心上人那一头美丽的金色长发。然而，女孩为了能够给男孩买他需要的礼物，却剪掉自己心爱的长发，拿去卖钱，为男孩买了一条表链，因为她早就发现男孩那支珍贵的怀表一直缺一条表链……

这则看似感人至深的爱情故事却也是一个冷幽默。两个相爱的人各自用自己最心爱的东西为对方换来的礼物却再也无法使用，这未尝不是一种悲哀。爱情是一种心理感觉，而这种感觉不能建立在"空中楼阁"上，它需要物质来支撑。这种支撑会使爱情变得更实在、更牢固，也更持久；相反，如果只是纯粹浪漫的爱情，一旦遇到现实问题，可能就会不堪一击。因此，在爱情中注入对经济的考虑，是无可厚非的。

鲁迅先生的《伤逝》讲述的是"五四时期"两个年轻知识分

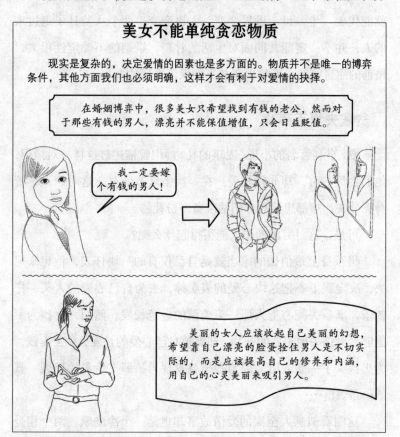

美女不能单纯贪恋物质

现实是复杂的，决定爱情的因素也是多方面的。物质并不是唯一的博弈条件，其他方面我们也必须明确，这样才会有利于对爱情的抉择。

在婚姻博弈中，很多美女只希望找到有钱的老公，然而对于那些有钱的男人，漂亮并不能保值增值，只会日益贬值。

我一定要嫁个有钱的男人！

美丽的女人应该收起自己美丽的幻想，希望靠自己漂亮的脸蛋拴住男人是不切实际的，而是应该提高自己的修养和内涵，用自己的心灵美丽来吸引男人。

子涓生和子君的爱情故事。他们冲破封建礼教、追求恋爱自由和个性解放，最后却以悲剧收场。

涓生和子君之间的感情深厚，但是最后他们那朵美丽的爱情花朵悄然凋落了。除了社会压迫和他们个人性格特点的缺陷之外，生活的困顿拮据、衣食问题、住房问题，不时撞击着他们爱情的幻梦，使他们失去了斗志。

因经济困顿，涓生和子君那轻松自如的心境没有了，当涓生被局里开除的时候，子君的第一反应是："无畏的子君也变了颜色。"涓生也只有忙碌在那求生的道路上，以前的那些轻松心情没有了，他忙碌在那抄抄写写的工作中，由此也和子君产生了矛盾。

涓生需要一个安静的环境工作，而子君为了生活上的一点琐碎的事情和生活上的拮据而同邻居争论不休，致使涓生有了这样一种感觉："天气的冷和神情的冷，逼迫我不能在家庭中安身。"在窘迫的生活状态下，爱情还会长久吗？

这部小说至少说明了一个道理，爱情的基础是物质，尤其在经济学家的眼里，爱情必须建立在一定的经济基础之上。我国有"米面夫妻"的说法，也是说夫妻关系首先建立在物质的基础上。虽然不敢说没有面包就没有爱情，但是没有面包的爱情是难以维持的，美满的爱情是建立在一定的经济基础上的，就像一朵美丽的花朵需要阳光和雨露一样。

涓生和子君都是实实在在的经济人，他们并非不食人间烟火，他们的爱情是建立在物质基础上。作为理性经济人，他们首先追

这几种男人千万不能嫁

　　嫁人是女人生命中最重要的事情之一，而与你拍拖、被你认定为未来老公的他，你完全了解吗？世间的好男人很多，可低品男也有一些，女人往往容易被眼前的爱情蒙住眼睛，陶醉于他打造的浪漫之中，忽略了对他本质的判断。遇到下面 4 种男人时可千万不能轻易下嫁。

<table>
<tr><td>

经常欠钱却还要与你"烛光晚餐"的男人

　　首先来讲，这样的男人是不实际的、虚荣的，为了讨你喜欢，他们可以牺牲其他人，那么说不定哪天，也可以牺牲你来换取别人的喜欢。

</td><td>

脾气暴躁、有暴力倾向的男人

　　有暴力倾向的人，往往都是些"江湖人士"。如果发现，那么劝你趁早离开。这是避免家庭暴力最直接也是最有效的方法。

</td></tr>
</table>

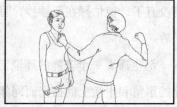

<table>
<tr><td>

动不动就以分手要挟你的男人

　　男人常用分手相要挟，女人不要不在乎，或者是你身上的某些性格特点他不能够容忍；或者是他心猿意马，喜欢上了另外一个比你更能够吸引他的女人。

</td><td>

敢于为你离婚的男人

　　如果他为了你而放弃自己的家庭，这样的男人是最没有责任感的，他也可能为了别的女人而放弃你。

</td></tr>
</table>

我们分手吧！

亲爱的，为了你，我离婚了！

求个人物质生活的满足。

时代在变化，爱情的观念也在悄然地发生着改变。在经济意识已经深入骨髓的今天，越来越多的人相信，没有面包的爱情难以幸福，爱情和浪漫也要有坚实的物质基础。在给女方介绍对象的时候，我们经常可以听到这样的语句："他月薪多少？有车没？有房没？"在实际选择爱情的过程中，又有多少人完全不考虑双方的物质基础？

很多人认为将恋爱和婚姻与经济挂钩，爱情显得庸俗化，传统观念也认为这是道德滑坡。但是从经济学的角度看，这也是符合人性的。

□男人有钱就变坏

罗洁和郝杰放在大学相识。他们一个是中文系的团支部书记，有组织才干；一个是经济系的班花，还能画得一手好画。一次偶然的院系联欢，两人坠入爱河。在毕业以后，通过各种办法，终于幸运地分到一个城市。郝杰放在市委宣传部做干事，罗洁在一家大型国有企业当会计。毕业一年后，两人组成家庭，有了孩子，男才女貌，引得多少人羡慕。随着市场经济的深入，不安心在官场上"排队"的郝杰放试图下海，在商场上打拼，罗洁经过反复思考，决定支持丈夫外出闯荡。

商场的拼杀是激烈无情的，郝杰放虽然在大学和从政期间积累了一点人脉，但在商场却显得微不足道。几起几落，日夜奔波。罗洁白天忙着企业的工作，晚上成为丈夫的总管和参谋。几年过去了，丈夫的事业有了起色，成为当地装饰材料的领军人物，妻子却因为过度劳累而落下一身病。丈夫心疼妻子，看见公司步入正轨，干脆让妻子辞职在家安安心心带孩子。罗洁乐享其成，决定做个"全职太太"。

不料两年过去，外面却风言风语，传言郝杰放在外面有了"相好"。罗洁起初不在意，但传言越来越多，丈夫回家的次数越来越少，难得回一次，回来一趟也是匆匆就走。罗洁反复打听，终于知道丈夫的确有了"外遇"——一个离异但颇有风韵的商界女人。罗洁质问丈夫，郝杰放淡淡地说："逢场作戏，男人嘛，总会有点。"而且回来的次数更加少了。

这样的事例我们早已不感到新奇。但是，男人真的就是有钱就变坏吗？

男人有应酬，夜晚总游走在夜总会、酒吧、KTV，洗脚、按摩、蒸桑拿。辛苦的不只是男人，女人在家也很辛苦。

男人很容易找到一堆应酬的理由。男人有钱，而钱是要花的，不花钱，不交朋友，不一起"腐败"，是很难融合到那个圈子里的。谁不参与，谁就不是自己人。所以男人们或"身不由己""正中下怀"或"半推半就"地加入了进去。

于是男人回家越来越晚，"婚外恋""包二奶"，对家里的女人越来越冷落。也许刚开始的时候会触动他们的良心，但是次数多了，时间长了，外面的诱惑还是战胜了家里的糟糠。

镜头转向另一面，白天女人在周围女性羡慕的目光中招摇过市，晚上却在电视的陪伴下或美容院里打发寂寞的时光。她们穿着昂贵的内衣，却没有人来欣赏；刚做过美容的白嫩肌肤，也没有人来亲近；把孩子弄睡了，自己却没了睡意，直到钥匙开门的声音响起，直到他的呼噜打起来，接近天亮了才辗转入睡。

女人们开始反思自己是不是真的幸福，物质生活越来越丰富，枕边的那个人却越来越陌生和遥远；钱越来越多，却越来越在意自己的位置会不会被人夺去，在意自己身上会不会染上什么病……在婚姻博弈中，女性相夫教子，维护家庭，为的是能拥有一个既安全又温暖的巢。可很多的男人渐渐对家中的另一半疏远。所以，

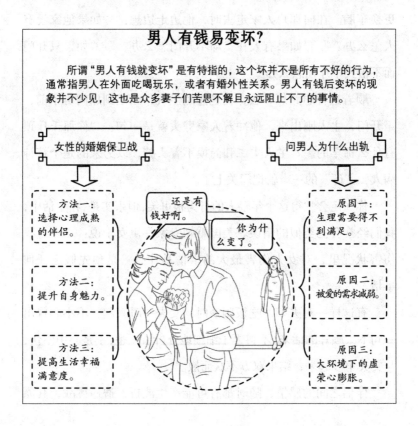

男人有钱易变坏？

所谓"男人有钱就变坏"是有特指的，这个坏并不是所有不好的行为，通常指男人在外面吃喝玩乐，或者有婚外性关系。男人有钱后变坏的现象并不少见，这也是众多妻子们苦思不解且永远阻止不了的事情。

女性的婚姻保卫战

方法一：
选择心理成熟的伴侣。

方法二：
提升自身魅力。

方法三：
提高生活幸福满意度。

还是有钱好啊。

你为什么变了。

问男人为什么出轨

原因一：
生理需要得不到满足。

原因二：
被爱的需求减弱。

原因三：
大环境下的虚荣心膨胀。

女人应该保持警惕，经营好自己的家庭。

经济基础好了，两人要共同提高精神生活的追求，培养共同的、积极的兴趣爱好，如读书、户外健身、旅游、公益活动等，提高对不良现象的免疫力。

□争吵伤和气

有一个笑话，说一个年轻人的车胎在路上爆了，碰巧他的千斤顶也坏了。他看到路边有户人家，希望可以从那里借到千斤顶更换车胎。在向那户人家走去时，他边走边想："如果他家没有人怎么办？""如果有人在，却不开门怎么办？""如果只开门而不借我千斤顶怎么办？"

顺着这种思路想下去，他越想越生气，当走到那间房子前，敲开门，主人刚出来，他冲着人家劈头就是一句："你那千斤顶有什么稀罕的。"主人丈二和尚摸不着头脑，以为来的是个精神病人，"砰"的一声就把门关上了。

你一定会觉得这个年轻人的行为很可笑，但事实是，在生活中，我们经常会犯类似的错误。美国婚姻专家乔伊女士说："在自我伤害状况里，对女人伤害最大的事情是什么？是预先假定任何事情。"

有这样一对夫妇，吃饭闲谈时，丈夫一时兴起，不小心冒出一句不太顺耳的话来。不料妻子细细地分析了一番，于是心中不快，与丈夫争吵起来，结果双方不欢而散。

伴侣之间的感情，随时都有可能产生波折，遭遇挑战，其原因多种多样，比如失业、亡故、疾病等。面临这样的情形，重要的是充满爱意，多一些理解，多一些宽容，更重要的是不能预先假定任何事情。大家要接受一个不容辩驳的事实：不管是你还是你的伴侣，永远不可能十全十美。以恰当的方式，随时沟通和交流，就能消除不良的心绪和感觉。这样，你和伴侣就能化解矛盾，解决一切哪怕最棘手的问题或事务。

经常关注伴侣的需求，尽可能为对方着想，无谓的争吵就会大幅减少。下面的例子揭示了这样的一个事实：女人恰当地表达感受，而男人悉心做好听众，一场潜在的争论是完全可以避

如何解决夫妻矛盾

夫妻产生矛盾时，要花一些时间，以平和的心态，看看哪些措辞最为你和对方接受。

记住，你们都可以"依样画葫芦"，直接套用双方认可的表达方式。

不管用什么措辞，都不要忽视在措辞背后，辅以更大的支持性力量——你对伴侣的爱。如果伴侣没有感受到你的爱、认可和支持，不管说什么，你们的关系都可能愈加紧张。

有时候，夫妻间避免争吵的最好办法，就是适时地退避或让步。

免的。

有一次，约翰和妻子离开家，到外面兜风。他们驾车外出时，觉得非常畅快，感觉自己终于从一周的繁忙中解脱出来，可以放松一下了。不料，就在约翰意兴阑珊之际，妻子却深深地叹了一口气，说："我觉得，我的人生，就是一场漫长的苦役。"听了这话，约翰没有马上说话，先做了一次深呼吸。接着，他回答说："我懂你的意思。在我看来，过多的操劳和忙碌，的确能把我们的幸福和快乐'拧干'。"他说着话，还比划出一个动作，表示将抹布的水拧出来。

妻子点点头，似乎同意约翰的说法。同时，她原本神情凝重的脸上，顿时露出了微笑。她随即改变话题，说这次旅行让她多么兴奋。

一场潜在的争吵就这样避免了。

夫妻间若要避免争吵，还需要有一种克制、理性的态度，也需要有一个大度、宽容的胸怀，要有远大的眼光，有洞察世界、体悟人生的智慧。有了这种眼光，就不会局限于生活的细枝末节，处理夫妻关系就会从容不迫、得心应手。有了这种智慧，就能化险为夷，用一种轻松、幽默的办法解决难题。

□婚姻不是女性的饭票

张爱玲说过，女人就是要用老公的钱，结婚的乐趣在于找一张长期饭票。许多单身女性都以嫁有钱老公为第一目标，以为生活会因此而有保障。

这只是一句谎言，天有不测风云，老公现在有钱，不代表将来一定有钱，中年破产的案例比比皆是。如果再看一看近几年直线上升的离婚率，女性就更要认清，有钱的老公不一定可靠。

在中国，多少女性，在嫁人后，为了照顾家庭，而放弃了自己的一切，就因为放弃了自己的一切，不知不觉间，就成了男人身上的一根藤，从此不得不看着男人脸色过日子。男人对你好，是你的幸运。男人出轨或由于其他的原因对你不好，你只能强忍着，因为离开了男人，自己就失去了生活的能力。

"能力是女人最极致的性感"，女人自身的价值决定其婚姻的价值，时代越发展，男人越认同这样的道理！

能力至上，千古不变。婚姻并不是女人一辈子的依靠，女性甚至有可能因为婚姻而失去经济自主性。

"婚姻是找一个体贴的伴侣，而不是求得一张长期饭票。"有过两次失败婚姻经历的小孟比任何女性都能够体会这句话的含义。

女性问题研究专家苏芩在其书《20岁跟对人，30岁做对事》中特别给出了当代女性一些成长的智慧建议。她说，"做剩女不可怕，可怕的是做劣剩女。如果能成为钻石级优剩女，也是女人的另一种价值体现，聪明的女人要学会做自己的生活投资人"。有一个女孩，25岁，是朋友眼中最"顽固"的保守派。大一的时候，很多同学都成双成对了。也有男孩追她，可她无论对方是谁，一律回绝。她不想过早地涉足爱情，因为她知道自己还不够稳定，而她恋爱的目的不是"练爱"，也不是用以摆脱寂寞，而是实实在在地为了结婚。

对于正读大学的他们，未来还是一个未知数。人都如此不稳定，爱情怎么可能稳定呢？她这样想，也便时刻警示自己，一定要等自己相对稳定后再谈爱情。而这种相对的稳定，只能等到毕业后工作落实之后。

这个理由，这个信念，让她成为"冷血动物"。她一直"顽固"地坚守到毕业，也未给自己一个"爱情"的机会。毕业之后，耍单的女孩更少了，甚至有的都开始谈婚论嫁。可因为没有工作，她还是不敢接受任何男孩。

在女孩心里，只有工作稳定了才可以谈爱情。因为那时才知

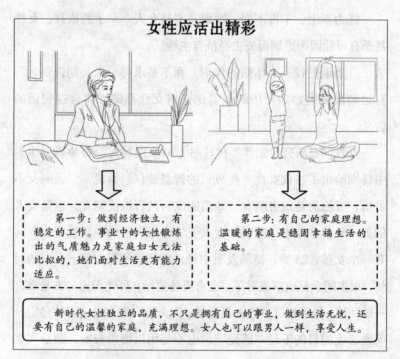

女性应活出精彩

第一步：做到经济独立，有稳定的工作。事业中的女性锻炼出的气质魅力是家庭妇女无法比拟的，她们面对生活更有能力适应。

第二步：有自己的家庭理想。温暖的家庭是稳固幸福生活的基础。

新时代女性独立的品质，不只是拥有自己的事业，做到生活无忧，还要有自己的温馨的家庭，充满理想。女人也可以跟男人一样，享受人生。

道什么样的是门当户对，才知道什么样的是"高攀"和"低就"。女孩不敢恋爱的主要原因，是怕某些"指标"不匹配或一旦发生大的变化而影响爱情的牢固性。

而如今，女孩在对找工作失去信心之后，开始怀疑自己最初的坚守可能是一种错误。她更为自己担心，如此一年一年地找不到工作，自己的爱情岂不是会更惨？于是，她在思想挣扎了几番之后，开始用人们常说的"工作好不如嫁得好"鼓励自己去找爱情。

女孩的这一决定是恰当的吗？她急于恋爱，不是出自对爱情的渴望。而是对自己找工作丧失了信心，和对世事的种种无奈。这是一种逃避。如果你像找工作一样寻求结婚，那你就是一名"婚活"族。"婚活"，由日本著名社会学家山田昌弘提出的名词，就是和结婚相关活动的总称。所谓"婚活女"就是一群为以找工作的态度和决心来找结婚对象的女人。

图书在版编目（CIP）数据

你的第一本博弈论：用博弈论解决工作和生活的难
题 / 欧俊编著 . —北京：中国华侨出版社，2018.4
（2019.1 重印）
ISBN 978-7-5113-7582-7

Ⅰ.①你… Ⅱ.①欧… Ⅲ.①博弈论－应用 Ⅳ.
① O225

中国版本图书馆 CIP 数据核字（2018）第 041279 号

你的第一本博弈论：用博弈论解决工作和生活的难题

编　　著：欧　俊
出 版 人：刘凤珍
责任编辑：江　冰
封面设计：冬　凡
文字编辑：胡宝林
美术编辑：张　诚
插画绘制：圣德文化
经　　销：新华书店
开　　本：880mm×1230mm　1/32　印张：8　字数：317 千字
印　　刷：三河市新新艺印刷有限公司
版　　次：2018 年 5 月第 1 版　　2021 年 10 月第 5 次印刷
书　　号：ISBN 978-7-5113-7582-7
定　　价：36.00 元

中国华侨出版社　北京市朝阳区西坝河东里 77 号楼底商 5 号　邮编：100028
法律顾问：陈鹰律师事务所
发 行 部：（010）58815874　　传　真：（010）58815857
网　　址：www.oveaschin.com　　E-mail：oveaschin@sina.com

如果发现印装质量问题，影响阅读，请与印刷厂联系调换。